职业教育计算机专业改革创新示范教材

# Visual Basic 6.0 程序设计案例教程

主 编 官 强

副主编 郭立红 辛 亮

参 编 韩 冰 杨 阳 朱 黎

李书博 邢 涛

机械工业出版社

本书采用任务驱动式的编写模式和模块化的编写方法，把模块和教学环境有机地结合在一起，通过具体模块完成对 Visual Basic 6.0 程序设计知识的讲解，使学生掌握 Visual Basic 6.0 程序设计的方法。本书内容包括：基本知识、可视化编程基础、基本语法、程序结构、数组、过程、界面设计、图形和图像、多媒体、文件、数据库编程技术、制作简单 MP3 音乐播放器，共 12 个模块。

本书可以作为职业院校计算机及相关专业的教材，也适合软件开发爱好者自学使用。

本书配有电子课件和源程序代码，选用本书作为教材的教师可以从机械工业出版社教材服务网 www.cmpedu.com 注册后免费下载，或联系编辑（010-88379194）咨询。

**图书在版编目（CIP）数据**

Visual Basic 6.0 程序设计案例教程 / 宫强主编. — 北京：机械工业出版社，2012.9
（2023.8 重印）

职业教育计算机专业改革创新示范教材

ISBN 978-7-111-39605-5

Ⅰ．①V… Ⅱ．①宫… Ⅲ．①BASIC 语言—程序设计—职业教育—教材
Ⅳ．① TP312

中国版本图书馆 CIP 数据核字（2012）第 203814 号

机械工业出版社（北京市百万庄大街 22 号　邮政编码 100037）
策划编辑：梁　伟　　责任编辑：李绍坤
责任校对：张　征　　封面设计：鞠　杨
责任印制：邰　敏

中煤（北京）印务有限公司印刷

2023 年 8 月第 1 版第 2 次印刷
184mm×260mm · 11.25 印张 · 273 千字
标准书号：ISBN 978-7-111-39605-5
定价：37.00 元

电话服务　　　　　　　　　　网络服务
客服电话：010-88361066　　　机 工 官 网：www.cmpbook.com
　　　　　010-88379833　　　机 工 官 博：weibo.com/cmp1952
　　　　　010-68326294　　　金 书 网：www.golden-book.com
**封底无防伪标均为盗版**　　机工教育服务网：www.cmpedu.com

# 前　言

在 Windows 操作系统中，Visual Basic 作为一门计算机语言功能非常强大，而且简单易学。Visual Basic 6.0 提供了可视化的设计工具，编程人员可利用其提供的控件轻松地"画"出应用程序的界面。因此学习使用 Visual Basic 6.0 进行程序设计容易入门，并为进一步学习其他编程语言打下良好的基础。

本书采用模块化的编写方法，共 12 个模块，主要内容如下：

模块一　基本知识，主要介绍了 Visual Basic 6.0 的安装和开发环境。

模块二　可视化编程基础，通过任务训练使学生掌握窗体及控件的基本应用方法。

模块三　基本语法，主要介绍了数据类型、常量、变量、运算符、表达式和 Visual Basic 6.0 程序中一些常见的函数。

模块四　程序结构，主要介绍了 Visual Basic 6.0 程序的基本结构。

模块五　数组，主要介绍了固定数组以及动态数组的创建和使用方法。

模块六　过程，主要介绍了过程和函数的定义以及如何根据应用程序的需要调用过程和函数。

模块七　界面设计，主要介绍了使用 Visual Basic 6.0 进行界面设计的基本方法。

模块八　图形和图像，主要介绍了如何绘制图形。

模块九　多媒体，主要介绍了多媒体控件的使用方法。

模块十　文件，主要介绍了文件和目录的操作方法。

模块十一　数据库编程技术，主要介绍了 SQL 语句的基本用法。

模块十二　制作简单 MP3 音乐播放器，主要介绍了 MediaPlayer 控件和 MP3play 控件的使用方法。

本书所有的任务案例均在 Visual Basic 6.0 集成开发环境中编译和运行通过。

本书由宫强担任主编，郭立红、辛亮担任副主编，参与编写的还有韩冰、杨阳、朱黎、李书博、邢涛等具有企业一线丰富实践经验的专业教师。

由于编者水平有限，本书内容难免有疏漏和不当之处，恳请各位专家和广大读者批评指正。

编　者

# 目　录

# 模块一 基本知识

## 任务一 安装和启动 Visual Basic 6.0

**任务分析**

了解 Visual Basic 6.0 软件的安装过程。

**任务实施**

1）将 Visual Basic 6.0 的安装光盘放入光驱，然后执行安装光盘上的 Setup 程序。一般情况下按照安装向导的默认选项即可完成安装。在安装过程中可以选择安装路径及安装类型如"典型安装"或"自定义安装"，如图 1-1 所示。

图 1-1　安装方式和安装目录选择对话框

2）Visual Basic 6.0 安装完成后，系统显示"安装 MSDN"对话框，如图 1-2 所示。MSDN 的全称是"Microsoft Developer Network"，是微软公司面向软件开发者的一种信息服务，其中包含联机帮助文件和技术文献的集合。

图 1-2　"安装 MSDN"对话框

3）通过"开始"→"程序"菜单，选择"Microsoft Visual Basic 6.0 中文版"选项，启动程序可以看到如图 1-3 所示的窗口。

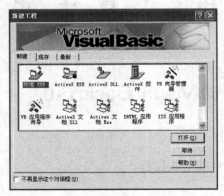

图 1-3　Visual Basic 6.0 启动窗口

# 任务二　认识 Visual Basic 6.0 集成开发环境

**任务分析**

认识并掌握 Visual Basic 6.0 集成开发环境的基本使用方法。

**理论知识**

当用户启动"Microsoft Visual Basic 6.0 中文版"并新建了"标准 EXE"工程后，首先进入的就是集成开发环境。用户可以在这个环境中进行应用程序界面的设计、编写程序代码、调试程序、编译程序等各项工作。

Visual Basic 6.0 集成开发环境窗口如图 1-4 所示。

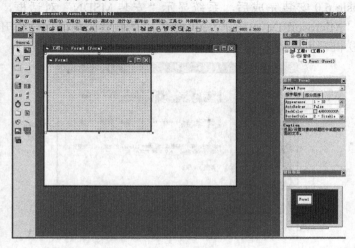

图 1-4　Visual Basic 6.0 集成开发环境窗口

### 1．工具栏

工具栏可以使用户迅速地访问系统常用的菜单命令。标准工具栏如图 1-5 所示，其中各项图标按钮的名称及作用见表 1-1。

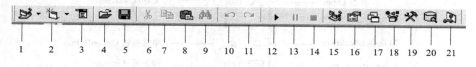

图 1-5　标准工具栏

表 1-1　标准工具栏中各项图标按钮的名称及作用

| 编　号 | 名　称 | 功　能 | 快捷键 |
|---|---|---|---|
| 1 | 添加 Standard EXE 工程 | 添加新的工程到工作组中 | |
| 2 | 添加窗体 | 添加新的窗体到工程中 | |
| 3 | 菜单编辑器 | 显示菜单编辑器对话框 | Ctrl+E |
| 4 | 打开工程 | 打开已有的工程文件 | Ctrl+O |
| 5 | 保存工程 | 保存当前的工程文件 | |
| 6 | 剪切 | 把当前选中的内容移动到剪贴板上 | Ctrl+X |
| 7 | 复制 | 把当前选中的内容复制到剪贴板上 | Ctrl+C |
| 8 | 粘贴 | 把剪贴板上的内容复制到当前位置上 | Ctrl+V |
| 9 | 查找 | 打开"查找"对话框 | Ctrl+F |
| 10 | 撤销 | 撤销上一次的操作 | Ctrl+Z |
| 11 | 重复 | 恢复刚刚撤销的操作 | |
| 12 | 启动 | 运行当前的工程 | F5 |
| 13 | 中断 | 暂时中断当前工程的运行 | Ctrl+Break |
| 14 | 结束 | 结束当前工程的运行 | |
| 15 | 工程资源管理器 | 打开工程资源管理器窗口 | Ctrl+R |
| 16 | 属性窗口 | 打开属性窗口 | F4 |
| 17 | 窗体布局窗口 | 打开窗体布局窗口 | |
| 18 | 对象浏览器 | 打开对象浏览器窗口 | F2 |
| 19 | 工具箱 | 打开工具箱窗口 | |
| 20 | 数据视图窗口 | 打开数据视图窗口 | |
| 21 | 可视化部件管理器 | 打开可视化部件管理器 | |

### 2．工具箱

工具箱窗口如图 1-6 所示，由 21 个按钮形式的图标组成。窗口为用户提供标准控件，如命令按钮（Command）、标签（Label）、文本框（TextBox）、组合框（ComboBox）等。此外，也可通过选择"工程"菜单中的"部件"命令添加其他控件或应用程序。

指针 —— 图片框 PictureBox
标签 Label —— 文本框 TextBox
框架 Frame —— 命令按钮 CommandButton
复选框 CheckBox —— 单选按钮 OptionButton
组合框 ComboBox —— 列表框 ListBox
水平滚动条 HScrollBar —— 垂直滚动条 VScrollBar
定时器 Timer —— 驱动器列表框 DriveListBox
目录列表框 DirListBox —— 文件列表框 FileListBox
图形 Shape —— 直线 Line
图像框 Image —— 数据控件 Data
对象链接与嵌入 OLE

图 1-6　工具箱窗口

标签 A

标签（Label）控件主要用于显示文本信息，但不能作为输入信息的界面，即标签的内容只能用 Caption 属性进行设置和修改，不能编辑。

文本框 ab

文本框（TextBox）控件是一个文本编辑区。用户可以在设计阶段或运行期间在这个区域中输入、编辑、修改和显示文本，类似于一个简单的文本编辑器。

命令按钮

命令按钮（CommandButton）控件通常用来在它的单击事件中完成一种特定的程序功能。

图片框

图片框（PictureBox）控件的主要作用是为用户显示图片，也可以作为其他控件的容器。

图像框

图像框（Image）控件主要用于显示图形，可以显示位图、图标、图元、增强型图元、JPEG、GIF 等格式的文件。

图形

图形（Shape）控件可在窗体或其他控件容器中画出矩形、正方形、圆、椭圆、圆角矩形或圆角正方形。

单选按钮

单选按钮（OptionButton）控件的作用是显示一个可打开 / 关闭的选项，单选按钮控件总是以组的形式出现的。在一组单选按钮控件中，总是只有一个处于选中状态，如果选中了其中的一个，其余单选按钮则自动清除为非选中状态。

复选框

复选框（CheckBox）控件的作用与单选按钮的作用是类似的，它用来设置需要或不需要某一选项功能。复选框的功能是独立的，如果同一窗体上有多个复选框，用户可以根据需要选取一个或多个。

列表框

列表框（ListBox）控件的作用是显示项目的列表，用户可以从列表框列的一组选项中选取一个或多个需要的选项。

组合框

组合框（ComboBox）控件是列表框和文本框组成的控件，具有列表框和文本框的功能和它们的大部分属性。它可以像列表框一样让用户通过鼠标选择需要的项目，也可以像文本框那样用键入的方法选择项目。

定时器

定时器（Timer）控件能有规律地以一定的时间间隔触发定时器事件执行相同的代码。定时器在运行时并不可见，因而其在窗体上的位置并不重要，通常只需在工具箱中双击即可完成创建。

滚动条

滚动条（ScrollBar）控件用来附在窗体上协助观察数据或确定位置。工具箱中提供了两种滚动条控件，分别是垂直滚动条（VScrollBar）和水平滚动条（HScrollBar）。滚动条的取值范围是 -32768 ～ 32767。

框架

框架（Frame）控件的主要作用是作为控件的容器建立控件集合。通常框架用来为单选按钮分组，因为在若干个单选按钮中只可以选择一个。有时有多组选项并希望在每组选项中各选一项时就可以将单选按钮分成几组，每组作为一个单元用框架分开。框架控件在实际应用中通常和其他控件一起使用。

### 3. 工程资源管理器窗口

工程资源管理器窗口类似 Windows 操作系统中的资源管理器，它保存并显示一个应用程序中的所有文件，其中主要包括以下 3 类文件：窗体文件（扩展名为 ".frm"）、标准模块文件（扩展名为 ".bas"）和类模块文件（扩展名为 ".cls"），如图 1-7 所示。工程资源管理器窗口有 "查看代码"、"查看对象"、"切换文件夹" 3 个按钮，其中 "查看代码" 按钮用于查看和编辑窗体的源程序，"查看对象" 按钮用于查看对窗体和窗体控件的设计以及对各种对象属性的设置。

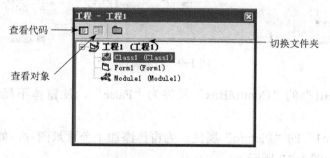

图 1-7　工程资源管理器窗口

打开 Visual Basic 6.0 程序，熟悉相应的窗口。

# 任务三 第一个程序——"欢迎来到 VB 的世界"

任务分析

通过设计欢迎界面，熟悉使用 Visual Basic 6.0 开发程序的一般步骤。

任务实施

### 1. 创建主窗体

1）启动 Visual Basic 6.0，新建 1 个工程，如图 1-8 所示。

2）在新建选项卡中双击"标准 EXE"会自动添加 1 个新窗体"Form1"，修改它的属性。打开"属性"窗口，如果屏幕上没有此窗口，可以选择菜单"视图"→"属性窗口"命令或直接按 <F4> 键修改"Form1"的"Caption"属性，如图 1-9 所示。

图 1-8 "新建工程"对话框

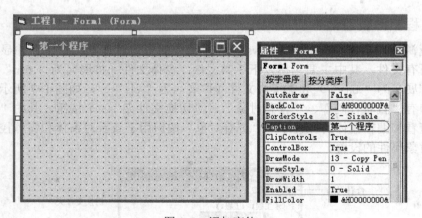

图 1-9 添加窗体

3）修改"Form1"的"ControlBox"属性为"False"，使窗体不显示控件菜单栏，如图 1-10 所示。

4）修改"Form1"的"Picture"属性，为窗体添加 1 个背景图片，如图 1-11 所示。

5）运行结果如图 1-12 所示。

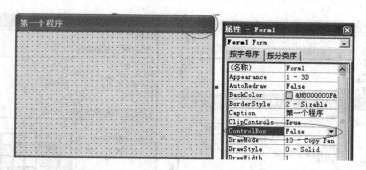

图 1-10 修改"ControlBox"属性

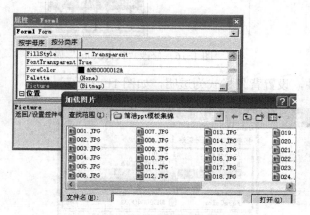

图 1-11 添加背景图片

图 1-12 运行结果

## 2. 为窗体添加控件

（1）添加标签控件

1）双击"工具箱"上的"标签" **A** 图标，为窗体添加 1 个标签控件，如图 1-13 所示。

2）选中控件，拖拽控件上的控制点调节控件的大小和位置，修改控件的属性。

① 修改"Caption"属性，此属性用来设置标签显示的内容，如图 1-14 所示。

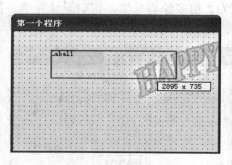

图 1-13 添加标签控件

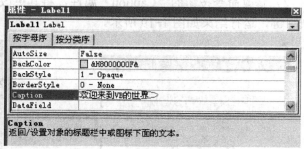

图 1-14 修改"Caption"属性

② 修改标签的"Font"属性，设置显示文字的字体，如图 1-15 所示。

③ 修改标签的"ForeColor"属性，设置显示文字的颜色，如图 1-16 所示。

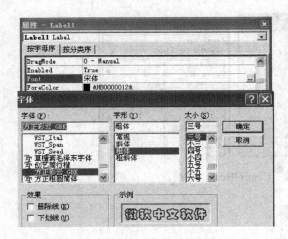
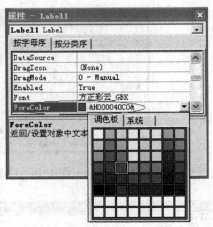

图 1-15　修改 "Font" 属性　　　　　　　图 1-16　修改 "ForeColor" 属性

④修改标签的 "BackStyle" 属性，设置背景样式为透明，如图 1-17 所示。

图 1-17　修改 "BackStyle" 属性

（2）添加命令按钮控件

1）双击 "工具箱" 上的 "命令" 按钮 ▭ 图标，为窗体添加命令按钮控件，拖拽调整命令按钮的大小，利用窗体编辑器调整控件的位置，如图 1-18 所示。

2）修改命令按钮的 "Caption" 属性，将其更改为 "更多惊喜！"，窗口设计完成。按 <F5> 键，运行结果如图 1-19 所示。

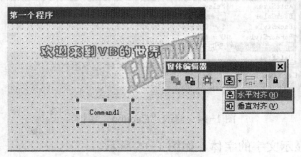

图 1-18　添加命令按钮控件　　　　　　图 1-19　修改命令按钮 "Caption" 属性的结果

### 3．编写代码

为了了解代码窗口的使用方法，仅为按钮编写简单的代码。双击窗体上的命令按钮，打开代码窗口。编写代码如图 1-20 所示。

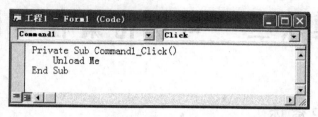

图 1-20　编写代码

其中代码窗口中显示的程序头、尾是自动生成的，"Unload Me"命令表示卸载本窗体。

## 拓展练习

仿照实例制作一个简单的小程序。

## 模块小结

本模块主要介绍了 Visual Basic 6.0 的特点和发展、安装、启动和退出、集成开发环境、基本概念等。通过开发第一个简单的程序，对使用 Visual Basic 6.0 进行程序设计有一个全面的了解，以便为今后开发复杂的应用程序打下良好的基础。

# 模块二 可视化编程基础

## 任务一 认识窗体

### 任务分析

窗体是 VB 工程中的基本容器，通常一个窗体就是应用程序的一个模块。它主要用于放置控件，建立应用程序的用户界面。窗体的结构如图 2-1 所示。

图 2-1 窗体的结构

### 理论知识

#### 1. 窗体基本属性

（1）Name 属性

功能：创建对象的名称。

说明：Name 属性是每个对象必备的属性，关系到程序中属性、事件及方法的命名。

（2）Caption 属性

功能：用于显示对象的标题。

说明：设置控件上显示的文字内容，最大长度为 1 024 个字符。

（3）Height（Width、Left、Top）属性

功能：确定窗体大小与位置的属性。

说明：Height（高）、Width（宽）、Left（窗体到屏幕左边界的距离）、Top（窗体到屏幕上边界的距离）。

（4）BackColor 属性

功能：设置背景颜色。

说明：默认背景颜色为灰色，如果改变为其他颜色可以使用该属性。

（5）ForeColor 属性

功能：设置窗体上文字的颜色。

说明：该属性可改变输出的文字颜色及绘图时预设的画笔颜色，通常和 Font 属性结合使用。

（6）Font 属性

功能：用于设置对象内部文字的字体、样式和字号大小。

（7）BorderStyle 属性

功能：决定窗体的边框样式。

说明：有 6 种不同的选择，见表 2-1。

表 2-1　BorderStyle 的属性值

| 常　　数 | 设　置　值 | 说　　　明 |
| --- | --- | --- |
| vbBSNone | 0 | 无（没有边框或与边框相关的元素） |
| vbFixedSingle | 1 | 固定单边框。可以包含控制菜单框、标题栏、"最大化"按钮和"最小化"按钮。只有使用"最大化"和"最小化"按钮才能改变大小 |
| vbSizable | 2 | 默认值，可调整的边框。可以使用设置值为 1 时的任何可选边框元素重新改变尺寸 |
| vbFixedDouble | 3 | 固定对话框。可以包含控制菜单框和标题栏，不能包含"最大化"和"最小化"按钮，不能改变尺寸 |
| vbFixedToolWindow | 4 | 固定工具窗口，不能改变尺寸。显示"关闭"按钮并用缩小的字体显示标题栏。窗体在 Windows 95 操作系统的任务条中不显示 |
| vbSizableToolWindow | 5 | 可变尺寸工具窗口，可变大小。显示"关闭"按钮并用缩小的字体显示标题栏 |

## 2. 窗体方法

（1）Print 方法

功能：用于在窗体上输出信息。

语法：< 窗体名 >Print < 表达式 >

说明：经常与 Print 方法配合使用的有两个函数：Spc(n) 函数和 Tab(n) 函数。

注意：当窗体的 AutoRedraw 属性的值为 False 时，Print 方法在 Form_Load( ) 事件过程中无效。

（2）Cls 方法

功能：用于清除运行时窗体中显示的文本或图形。

语法：Cls

（3）Load 方法

功能：将新创建的窗体加载到内存中。

语法：Load < 窗体名 >

（4）Unload 方法

功能：卸载指定的窗体。

语法：Unload < 窗体名 >

（5）Hide 方法

功能：隐藏显示在屏幕上的窗体。

语法：< 窗体名 >.Hide

（6）Move 方法

功能：用于移动窗体或控件，并可在移动的过程中改变其大小。

语法：< 窗体 >Move 左边距离 [, 上边距离 [, 宽度 [, 高度 ]]]

## 3. 窗体事件

（1）Click 事件

Click 事件是 Visual Basic 6.0 中使用最为广泛的一个事件，这是一个单击事件过程。

（2）DblClick 事件

这是一个双击事件过程，第一次点击鼠标时触发的是 Click 事件，第二次才产生 DblClick 事件。因此，一般在编写 DblClick 事件过程时需要编写 Click 事件过程。

（3）Load 事件

Load 事件主要用来在启动程序时对窗体相关的属性和变量进行初始化。这个事件是自动触发的，只要运行窗体程序就会触发该事件。

（4）Unload 事件

当从内存中清除一个窗体（关闭窗体或执行 Unload 语句）时触发该事件。

（5）Activate 事件

在对象变成活动窗口时就会发生 Activate 事件。

（6）Paint 事件

当窗体被移动或放大之后，或在一个覆盖该对象的窗体被移开之后，该对象部分或全部暴露时此事件发生。

**任务实施**

1）打开 Visual Basic 6.0，选择菜单"文件"→"新建工程"命令。在窗体中添加标签、文本框和按钮等控件得到如图 2-2 所示的程序窗体。

图 2-2　程序窗体

2）保存"Form1"窗体。

3）程序代码如图 2-3 所示。

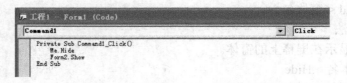

图 2-3　程序代码

代码片段：

```
Private Sub Command1_Click()
    Me.Hide
    Form2.Show
End Sub
```

4）程序运行结果，如图 2-4 所示。

图 2-4　程序运行结果

## 任务二　ActiveX 控件的使用

### 任务分析

Visual Basic 6.0 工具箱上的标准控件仅 21 个，使编写复杂的应用程序受到限制。因此它为用户提供了大量的 ActiveX 控件。

所谓 ActiveX 控件是一段可以重复使用的程序代码和数据，是由用 ActiveX 控件技术创建的一个或多个对象组成的独立文件，其扩展名为".ocx"。

### 任务实施

1）在工具箱空白处单击鼠标右键，在弹出的快捷菜单中选择"部件"，如图 2-5 所示。
2）打开"部件"对话框，如图 2-6 所示。
3）选中相应复选框，单击"确定"按钮。

图 2-5　选择"部件"

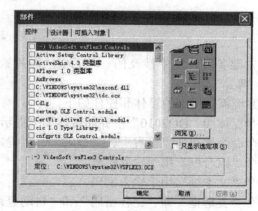

图 2-6　"部件"对话框

## 任务三　制作整人小 QQ

### 任务分析

制作一个仿 QQ 的整人小程序，帮助读者了解窗体及控件的应用。QQ 图标如图 2-7

所示。双击桌面上的 QQ 图标，打开 QQ 登录界面，如图 2-8 所示。

图 2-7　QQ 图标　　　　　　　　图 2-8　QQ 登录界面

输入账号和密码，单击"登录"按钮，弹出错误提示对话框，如图 2-9 所示。

单击"设置"按钮，弹出"信息框"对话框，显示提示信息，如图 2-10 所示。

图 2-9　错误提示对话框　　　　　　　图 2-10　显示提示信息

## 理论知识

1）首先准备好程序中涉及的一些 QQ 的图片素材、QQ 图标（Visual Basic 6.0 只识别24 位颜色）等。

2）本案例需要用到的窗体和控件如下。

➤ 2 个窗体即"QQ2010"主界面窗体和"提示"窗体。

➤ 3 个命令按钮即"设置"、"登录"、"确定"。

➤ 1 个"组合框"用于输入账号。

➤ 1 个"文本框"用于输入密码。

➤ 2 个"复选框"即"记住密码"和"自动登录"。

说明：本例中所指设置自定义图标或自定义图片都是事先处理好的素材 QQ 图标和图片。

## 任务实施

1）新建工程，添加窗体，修改窗体的属性。

注意：此处窗体上仅是 1 张背景图片，无任何其他控件，如图 2-11 所示。

窗体的属性设置见表 2-2。

图 2-11　新建工程

表 2-2　窗体的属性设置

| 属 性 名 称 | 属 性 值 | 说　　明 |
|---|---|---|
| Caption | QQ2010 | 窗体标题栏标题文字 |
| Height | 3 765 | 窗体的高度 |
| Width | 5 130 | 窗体的宽度 |
| StartUpPosition | 1- 所有者中心 | 窗体显示时的位置 |
| Icon | （自定义） | 窗体标题栏图标（事先处理好的 QQ 图标） |
| MaxButton | False | 窗体最大化按钮无效 |
| Picture | （自定义） | 窗体背景图片（事先处理好的素材图片） |

2）为窗体添加控件，结果如图 2-12 所示。

图 2-12　添加控件

窗体控件的属性设置见表 2-3。

表 2-3　窗体控件的属性设置

| 控 件 名 称 | 属 性 名 称 | 属 性 值 | 说　　明 |
|---|---|---|---|
| Combo1<br>（组合框） | List | （自定义） | 设置显示的下拉列表项内容 |
| | Height | 300 | 设置控件的高度 |
| | Left | 1 320 | 设置控件的左边距 |
| | Top | 1 250 | 设置控件的上边距 |
| | Width | 2 415 | 设置控件的宽度 |
| | Style | 0 | 设置组合框外观样式 |
| | Text | <请输入账号> | 设置控件中包含的文本 |

（续）

| 控 件 名 称 | 属 性 名 称 | 属 性 值 | 说 明 |
|---|---|---|---|
| Text1<br>（文本框） | Height | 250 | 设置控件的高度 |
| | Left | 1 500 | 设置控件的左边距 |
| | Top | 1 800 | 设置控件的上边距 |
| | Width | 2 175 | 设置控件的宽度 |
| | PasswordChar | * | 设置用"*"代替控件显示文本 |
| | Text | | 设置控件初始无显示内容 |
| Check1<br>（复选框） | Height | 200 | 设置控件的高度 |
| | Left | 1 500 | 设置控件的左边距 |
| | Top | 2 450 | 设置控件的上边距 |
| | Width | 200 | 设置控件的宽度 |
| | Caption | | 设置控件的标题文本为空 |
| Check2<br>（复选框） | Height | 200 | 设置控件的高度 |
| | Left | 2 700 | 设置控件的左边距 |
| | Top | 2 450 | 设置控件的上边距 |
| | Width | 200 | 设置控件的宽度 |
| | Caption | | 设置控件的标题文本为空 |
| Command1<br>（命令按钮） | Height | 255 | 设置控件的高度 |
| | Left | 240 | 设置控件的左边距 |
| | Top | 2 880 | 设置控件的上边距 |
| | Width | 975 | 设置控件的宽度 |
| | Caption | | 设置控件的标题文本为空 |
| | Picture | （自定义） | 设置控件的背景图片 |
| | Style | 1 | 设置控件的显示风格为图片 |
| Command2<br>（命令按钮） | Height | 255 | 设置控件的高度 |
| | Left | 3 720 | 设置控件的左边距 |
| | Top | 2 880 | 设置控件的上边距 |
| | Width | 975 | 设置控件的宽度 |
| | Caption | | 设置控件的标题文本为空 |
| | Picture | （自定义） | 设置控件的背景图片 |
| | Style | 1 | 设置控件的显示风格为图片 |

3）添加窗体，制作"提示"对话框，如图 2-13 所示。

图 2-13　添加窗体

窗体的属性设置见表 2-4。

**表 2-4　窗体的属性设置**

| 属 性 名 称 | 属 性 值 | 说　　明 |
|---|---|---|
| Caption | 提示 | 设置标题栏显示的标题 |
| Icon | （自定义） | 设置标题栏显示的图标 |
| Picture | （自定义） | 设置窗体的背景图片 |
| MaxButton | False | 窗体的最大化按钮无效 |
| MinButton | False | 窗体的最小化按钮无效 |

4）为窗体添加控件，如图 2-14 所示。

图 2-14　添加控件

控件的属性设置见表 2-5。

**表 2-5　控件的属性设置**

| 属 性 名 称 | 属 性 值 | 说　　明 |
|---|---|---|
| Caption | | 设置控件的标题文本为空 |
| Picture | （自定义） | 设置控件的背景图片 |
| Style | 1 | 设置控件的显示风格为图片 |

5）为按钮添加代码。

①双击"设置"按钮，为它添加代码，如图 2-15 所示。

图 2-15　添加代码

此处用到了"MsgBox"消息框命令，有关该命令的介绍将在以后章节讲解。

②双击"登录"按钮，为它添加代码，如图 2-16 所示。

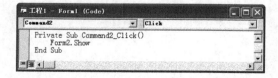

图 2-16　双击"登录"按钮添加代码

③双击"确定"按钮，为它添加代码，如图 2-17 所示。

17

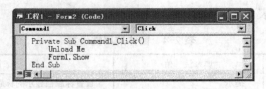

图 2-17 双击"确定"按钮添加代码

6）按 <F5> 键运行。正确无误后，选择菜单"文件"→"保存工程"命令，工程名称为"腾讯 QQ"。

7）生成可执行文件。选择菜单"文件"→"生成腾讯 QQ.exe"命令，如图 2-18 所示。

8）生成桌面快捷方式。打开"腾讯 QQ.exe"文件所在的文件夹，选中该文件，为其生成桌面快捷方式，如图 2-19 所示。

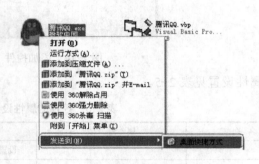

图 2-18 生成可执行文件　　　图 2-19 生成桌面快捷方式

9）看看被整者的表情吧！

## 拓展练习

依据实例自行编制仿 QQ 界面的小程序。

## 模块小结

本模块主要介绍了 Visual Basic 6.0 可视化编程基础、窗体及常用控件的属性、事件及方法。通过任务训练使读者掌握窗体及控件的基本应用方法。

# 模块三 基本语法

## 任务一 计算梯形的面积

### 任务分析

由用户输入梯形的上底、下底和高，计算梯形的面积。

1）设置标签、文本框、按钮控件。

2）运算符和表达式的应用。

3）输出函数的使用。

### 理论知识

#### 1. 数据类型

数据是程序设计中最基本的部分，比如数字和字符串。高级程序设计语言中都引入了数据类型的概念，一般情况下，对于固定类型的变量都要指明其数据类型。Visual Basic 6.0主要提供了数值、字节、字符串、日期、布尔、货币、对象和变体等数据类型。

（1）数值型数据类型

数值数据是指日常生活中用到的数字，根据长度、数字类别、使用领域及存储空间的不同，数值型数据分为以下几种。

1）整型（Integer）用于表示简单的整数，用 2 个字节存储，例如，人的年龄和一年的天数、小时数等。整型的取值范围是 −32 768 ～ 32 767，也就是说整数不能小于 −32 768，同时也不能大于 32 767。

2）长整型（Long）是整型的另一种形式，它相对于 Integer 类型取值范围更大，用 4 个字节存储，长整型的取值范围是 −2 147 483 648 ～ 2 147 483 647。

3）单精度浮点型（Single）用于存放单精度浮点数，也就是小数，用 4 个字节存储。单精度浮点型由 3 个部分组成：符号、指数和尾数。它的指数用 "E" 或 "e" 表示。

单精度浮点型的取值范围如下。

负数：−3.402 823E+38 ～ −1.401 29E−45。

正数：1.401 29E−45 ～ 3.402 823E+38。

4）双精度浮点型（Double）用于存放双精度浮点数，也就是小数，用 8 个字节存储。双精度浮点型由 3 个部分组成：符号、指数和尾数。它的指数用 "D" 或 "d" 表示。

双精度浮点型的取值范围如下。

负数：−1.797 693 134 862 316D+308 ～ −4.940 65D−324。

正数：4.940 65D−324 ～ −1.797 693 134 862 316D+308。

（2）字节数据类型

用于表示并存储二进制数据。一般在表示一个二进制数据时，可以使用一个字节型变量。对整数类型适用的运算，除了"取负"的一元运算，均可适用于字节型变量。

（3）字符数据类型

字符型数据表示一个由很多字符组成的字符串。对于一个表示数值的字符串，可以将其赋值给一个数值型变量；同时还可以将一个数值赋给一个字符串变量，字符串通常放在引号中。Visual Basic 6.0 包括两种类型的字符串：变长字符串和定长字符串。在默认情况下字符型数据是一个可变长度的字符串。

（4）布尔数据类型

布尔型数据是一个逻辑值，用两个字节存储，只有两个值，即 True（真）或 False（假）用于表示只有两种相反取值的数据。

（5）日期数据类型

日期型数据用来表示日期信息，用 8 个字节存储，其格式为"mm/dd/yyyy"或"mm-dd-yyyy"，取值范围是公元 1 年 1 月 1 日～公元 9999 年 12 月 31 日。日期型数据可以接受多种表示形式的日期和时间。赋值时用两个"#"符号把表示日期和时间的值括起来。例如赋值语句"#03/23/2011#"表示 2011 年 3 月 23 日。

（6）货币数据类型

货币型数据是专门用在财务方面表示货币的。它用 4 个字节存储，精确到小数点后第 4 位。

### 2．常量

常量是指其值在程序执行过程中保持不变的量，我们通常用常量表示在整个程序中事先设置的、其值不会改变的数据。一般对于程序中使用的常数，能够用常量表示的尽量使用常量表示。这样可以用有意义的符号表示数据，增强程序的可读性。

定义常量的语法格式是：Const 常量名 [As 类型 ] = 常量表达式。

这里的常量表达式可以是数值常数、字符串常数、日期以及表达式等。

例如：

```
Const pi = 3.14
Const myage = 18
Const myname = " 张宇 "
Const mybirth = #03/23/1992#
```

### 3．变量

变量是指程序运行过程中值可以改变的量。在程序中临时存储数据，可以使用变量。对于每个变量，必须有一个特定的名字和数据类型。

（1）变量命名规则

在 Visual Basic 6.0 中变量的命名是有一定规则的，下面就是合法变量命名的具体要求。

1）变量名只能由字母、数字、下划线组成。

2）第 1 个字符只能是英文字母。

3）1 个变量名的长度不能超过 255 个字符。

4）Visual Basic 6.0 中的保留字不能作为变量名。保留字包括 Visual Basic 6.0 的属性、事件、方法、过程、函数等系统内部的标识符。

在 Visual Basic 6.0 中，变量名不区分大小写，在定义变量和使用变量时，通常把变量名定义为容易使用和能够描述所包含数据用处的名称，建议不使用一些没有具体意义的字符缩写。

（2）声明变量

在 Visual Basic 6.0 中使用变量时，可以不加任何声明而直接使用，叫做隐式声明。隐式声明虽然简单，但却容易在发生错误时令系统产生误解。因此一般对于变量最好先声明然后再使用。

1）普通局部变量：这种变量只能在声明它的过程中使用，即不能在一个过程中访问另一个过程中的普通局部变量。而且变量在过程真正执行时才分配空间，过程执行完毕后即释放空间，变量的值也就消失。

声明此类变量的语法格式为：Dim 变量名 [As 数据类型名 ]。

2）静态局部变量：静态局部变量只能在声明它的过程中使用，属于局部变量。但是与普通局部变量的区别在于：静态局部变量在整个程序运行期间均有效，并且过程执行结束后，只要程序还没有结束，该变量的值就仍然存在，该变量占有的空间不被释放。

声明此类变量的语法格式为：Static 变量名 [As 数据类型名 ]。

3）模块变量：这种变量必须在某个模块的声明部分进行预先声明，可以适用于该模块内的所有过程，但对其他模块内的过程不能适用。

声明此类变量的语法格式为：Private 变量名 [As 数据类型名 ]。

4）全局变量：这种变量也必须在某个模块的声明部分进行预先声明，可以适用于该模块及其他模块内的所有过程，也即在整个程序内有效。

声明此类变量的语法格式为：Public 变量名 [As 数据类型名 ]。

（3）使用变量

在声明一个变量后，要先给变量赋上一个合适的值才能够使用。给变量赋值的语法格式为：变量名=表达式。

例如：

```
Dim x = 5
Dim x = 5+y
```

### 4. 运算符与表达式

（1）运算符

运算符是表示某种运算功能的符号。程序会按运算符的含义和运算规则执行实际的运算操作。Visual Basic 6.0 中的运算符包括赋值运算符、数学运算符、连接运算符、关系运算符和逻辑运算符。

1）赋值运算符。Visual Basic 6.0 中的赋值运算符用来给变量、数组或对象的属性赋值，即把运算符右边的内容赋给运算符左边的变量或属性。Visual Basic 6.0 中的赋值运算符是"＝"，其一般语法格式为：变量名＝值。

2）数学运算符。Visual Basic 6.0 提供了完备的数学运算符，可以进行复杂的数学运算。按优先级从高到低的顺序列出了 Visual Basic 6.0 中的数学运算符，见表 3-1。

表 3-1　数学运算符

| 运　算　符 | 说　　　明 |
| --- | --- |
| ^ | 指数运算符 |
| — | 负号运算符 |
| ＊／ | 乘法和除法运算符 |
| ＼ | 整除运算符 |
| Mod | 求模运算符 |
| ＋— | 加法和减法运算符 |
| & | 连接字符串运算符 |

3）关系运算符。关系运算符用来确定两个表达式之间的关系。其优先级低于数学运算符，各个关系运算符的优先级是相同的，结合顺序从左到右。关系运算符与运算数构成关系表达式，关系表达式的最后结果为布尔值。关系运算符常用于条件语句和循环语句的条件判断部分。Visual Basic 6.0 中的关系运算符见表 3-2。

表 3-2　关系运算符

| 运　算　符 | 说　明 |
| --- | --- |
| ＝ | 相等运算符 |
| ＜＞ | 不等运算符 |
| ＞ | 大于运算符 |
| ＜ | 小于运算符 |
| ＞＝ | 大于或等于运算符 |
| ＜＝ | 小于或等于运算符 |
| Like | 字符串模式匹配运算符 |
| Is | 对象一致比较运算符 |

4）逻辑运算符。逻辑运算符用于判断运算数之间的逻辑关系。逻辑运算符除了"Not"是单目运算符其余都是双目运算符，见表 3-3。

表 3-3　逻辑运算符

| 运　算　符 | 说　　　明 |
| --- | --- |
| Not | 取反运算符（运算数为假时，结果为真，反之结果为假） |
| And | 与运算符（运算数均为真时，结果才为真） |
| Or | 或运算符（运算数中有一个为真时，结果为真） |
| Xor | 异或运算符（运算数相反时，结果才为真） |
| Eqv | 等价运算符（运算数相同时才为真，其余情况下结果均为假） |
| Imp | 蕴含运算符（第一个运算数为真并且第二个运算数为假时，结果才为真，其余情况下结果均为假） |

5）连接运算符。连接运算符"&"用于连接两个字符串。

（2）表达式

所谓表达式就是一些数字、字符串、常量或变量组成的运算式。如果表达式中包含有多个运算符时，先计算算术运算符，其次连接运算符，再次比较运算符，最后计算逻辑运算符。在同一类运算符中，应按从左到右的顺序进行计算。可以利用括号"（）"来改变这种顺序，和在代数里学的运算次序是一样的。

**任务实施**

1）打开 Visual Basic 6.0，选择菜单"文件"→"新建工程"命令新建工程，如图 3-1 所示。

2）在窗体中添加标签、文本框和按钮，窗体界面如图 3-2 所示。

①添加 4 个标签，Caption 的内容分别为"自动计算梯形面积"、"梯形上底"、"梯形下底"和"梯形高"。

②添加文本框控件，Text 的值设置为空。

③添加 1 个按钮控件，Caption 的内容是"计算梯形面积"。

图 3-1　新建工程　　　　　　　　图 3-2　窗体界面

3）选择菜单"文件"→"保存工程"命令保存项目，如图 3-3 所示。

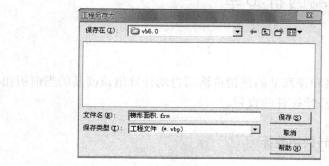

图 3-3　保存项目

4）程序代码如图 3-4 所示。

"计算梯形面积"代码片段：

```
Private Sub Command1_Click()
    Dim top As Single, bottom As Single, high As Single, area As Double
    top = txttop.Text
```

23

```
        bottom = txtbottom.Text
        high = txthigh.Text
        area = (top + bottom) * high / 2
    MsgBox (" 梯形的面积是： " & area)
    End Sub
```

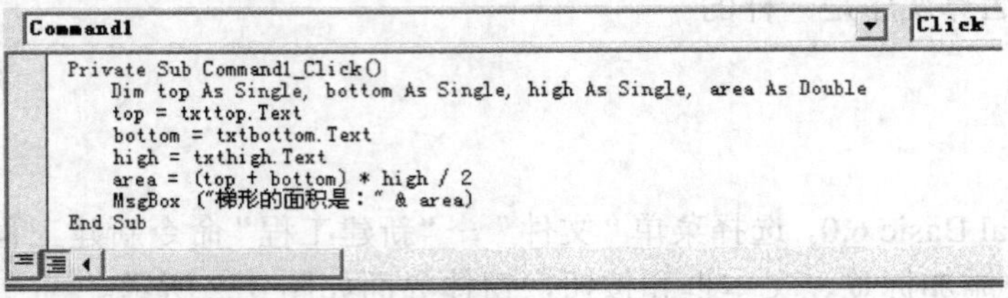

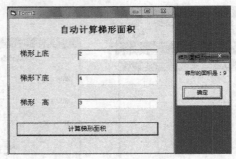

图 3-4　程序代码

5）运行程序。

可以通过选择菜单"运行"→"启动"命令运行程序，也可以单击工具栏的"启动"按钮来运行程序。程序运行结果如图 3-5 所示。

图 3-5　程序运行结果

# 任务二　计算商品的折扣率

## 任务分析

用户输入商品的价格和该商品的促销价格后自动计算出该商品的当前折扣。

1）标签、文本框、按钮控件的设置。

2）运算符和表达式。

3）输出函数、类型转换函数等。

## 理论知识

Visual Basic 6.0 提供了很多函数，主要可以分为转换函数、数学函数、字符串函数、时间 / 日期函数、随机函数几类。

### 1．数学函数

常用的数学函数及功能函数见表 3-4。

表 3-4 常用的数学函数及功能函数

| 常用的数学函数及功能函数 | 语 法 | 功 能 |
| --- | --- | --- |
| Abs | Abs(number) | 返回一个数的绝对值 |
| Sqr | Sqr(number) | 返回一个数的平方根 |
| Int | Int(number) | 取整函数,返回小于等于 number 的第一个整数 |
| Cos | Cos(number) | 返回角度的 Cos 值 |
| Sin | Sin(number) | 返回角度的 Sin 值 |
| Log | Log(number) | 返回一个数的 Log 值 |
| Tan | Tan(number) | 返回角度的 Tan 值 |
| Rnd | Rnd(number) | 返回一个随机数 |

## 2. 字符串函数

常用的字符串函数及功能函数见表 3-5。

表 3-5 常用的字符串函数及功能函数

| 常用的字符串函数及功能函数 | 语 法 | 功 能 |
| --- | --- | --- |
| Len | Len(string) | 返回 string 字符串里的字符数目 |
| Trim | Trim(string) | 将字符串前后的空格去掉 |
| Mid | Mid(string,start,length) | 从 string 字符串的 start 字符开始取得 length 长度的字符串,如果省略第三个参数表示是取从 start 字符开始到字符串结尾的字符串 |
| Left | Left(string,length) | 从 string 字符串的左边取得 length 长度的字符串 |
| Right | Right(string,length) | 从 string 字符串的右边取得 length 长度的字符串 |
| LCase | LCase(string) | 将 string 字符串里的所有大写字母转化为小写字母 |
| UCase | UCase(string) | 将 string 字符串里的所有小写字母转化为大写字母 |
| StrComp | StrComp(str1,str2) | 返回 str1 字符串与 str2 字符串的比较结果,如果两个字符串相同,则返回 0 |
| InStr | InStr(str1,str2) | 在字符串 str1 中查找字符串 str2 |

## 3. 日期时间函数

在 Visual Basic 6.0 中,我们可以使用日期和时间函数来得到各种格式的日期和时间,进而对日期进行处理。日期和时间函数见表 3-6。

表 3-6 日期和时间函数

| 常用的日期和时间函数 | 语 法 | 功 能 |
| --- | --- | --- |
| Now | Now() | 取得系统当前的日期和时间 |
| Date | Date() | 取得系统当前的日期 |
| Time | Time() | 取得系统当前的时间 |
| Month | Month(Date) | 取得给定日期的月份 |
| Day | Day(Date) | 取得给定日期月份中的日 |
| WeekDay | WeekDay(Date) | 取得给定日期星期中的某一天 |
| Year | Year(Date) | 取得给定日期的年份 |

**任务实施**

1）打开 Visual Basic 6.0，选择菜单"文件"→"新建工程"命令新建工程。窗口 Caption 属性设置为"商品折扣"，BorderStyle 的属性设置为"0-None"，BackColor 属性设置为"&H00C0E0FF&"，如图 3-6 所示。

2）打开 Visual Basic 6.0，放置控件，界面设计如图 3-7 所示。

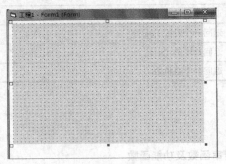
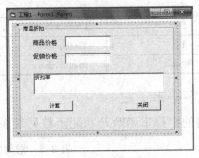

图 3-6　新建工程　　　　　　　　　　　　图 3-7　界面设计

①添加 Frame 控件，Caption 属性设置为"商品折扣"。

②添加 2 个标签控件，Caption 属性分别设置为"商品价格"和"促销价格"。

③添加 3 个文本控件，Text 属性分别设置为""、""和"折扣率"。

④添加 2 个按钮控件，Caption 属性分别设置为"计算"和"关闭"。

3）保存 Visual Basic 6.0 窗体。

4）程序代码，如图 3-8 所示。

"计算"和"关闭"代码片段：

```
Private Sub Command1_Click()
    Dim salePrice As Single, goodPrice As Single, disCount As Double
    salePrice = txtsale.Text
    goodPrice = txtgoodsale.Text
    disCount = CDbl(goodPrice) / CDbl(salePrice)
    txtdiscount = FormatPercent(disCount)
End Sub
Private Sub Command2_Click()
    End
End Sub
```

5）程序运行结果如图 3-9 所示。

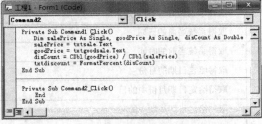

图 3-8　程序代码　　　　　　　　　　　　图 3-9　程序运行结果

## 拓展练习

**选择题**

1）设有如下变量声明 Dim TestDate As Date，为变量 TestDate 正确赋值的表达方式是（　　）。

    A．TestDate = #1/1/2002#

    B．TestDate = #"1/1/2002"#

    C．TestDate = date("1/1/2002")

    D．TestDate = Format("m/d/yy", "1/1/2002")

2）设 a = 3，b = 5，则以下表达式的值为真的是（　　）。

    A．a> = b And b> 10

    B．(a> b) Or (b> 0)

    C．(a< 0) Eqv (b> 0)

    D．(−3+5> a) And (b> 0)

3）设 a = "Visual Basic"，下面使 b = "Basic" 的语句是（　　）。

    A．b = Left(a, 8, 12)　　　　　　B．b = Mid(a, 8, 5)

    C．b = Right(a, 5, 5)　　　　　　D．b = Left(a, 8, 5)

4）Double 类型的数据由（　　）个字节组成。

    A．2　　　　　　B．4　　　　　　C．8　　　　　　D．16

5）表达式 8+13 Mod 2*4+3 的值是（　　）。

    A．8　　　　　　B．16　　　　　　C．15　　　　　　D．12

**编程题**

1）编写数据类型转换程序。

**技能要点如下。**

①添加标签、文本框、按钮控件。

②正确设置控件的属性。

③编写代码。

提示：需要进行数据类型转换。

④程序运行结果如图 3-10 所示。

图 3-10　程序运行结果

2）自动计算圆的面积。由用户输入圆的半径，计算圆的面积。

**技能要点如下。**

①添加标签、文本框、按钮控件。

②正确设置控件的属性。

③编写代码。

提示：圆的面积中"派"的值不变，在程序中需要设置为常量。

④ 程序界面设计和程序运行结果分别如图 3-11 和图 3-12 所示。

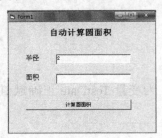 

图 3-11　程序界面设计　　　　　图 3-12　程序运行结果

## 模块小结

　　本模块介绍了编写 Visual Basic 6.0 程序需要掌握的基础知识，主要包括数据类型、常量、变量、运算符与表达式、Visual Basic 6.0 程序中一些常见的函数。学习本章能够为以后学习高级编程打下基础。

# 模块四 程序结构

## 任务一 输出语句的使用

### 任务分析

练习使用输出语句。

### 理论知识

Visual Basic 6.0 程序采用的是事件驱动机制，即在运行时过程的执行顺序是不确定的，它的执行流程完全由事件的触发顺序来决定。但在一个过程的内部，仍然用到结构化程序的方法，使用流程控制语句来控制程序的执行流程。结构化程序设计有 3 种基本结构：顺序结构、选择结构和循环结构。如果没有流程控制语句，则各条语句将按照各自在程序中的出现位置依次执行，即顺序结构。

顺序结构是按照程序或者程序段书写顺序执行的语句结构，如图 4-1 所示，先执行操作语句 A 再执行操作语句 B，两者是顺序执行的关系。

顺序结构是最基本的一种结构，它表明了事情发生的先后情况。在日常生活中有很多这样的例子。例如在淘米煮饭的时候，总是先淘米然后才煮饭，不可能是先煮饭后淘米。在编写应用程序的时候也存在着明显的先后次序。程序执行的时候，也是按照书写顺序执行。

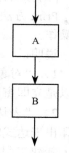

图 4-1 顺序结构

### 1. 赋值语句

赋值语句是最常用也是最基本的语句，它的作用是将右边表达式的值赋给左边的变量。赋值语句的语法为：变量＝表达式。

例如：

```
i=5        '则将数值 5 赋给变量 i
j=3*4      '则先将表达式 3*4 计算求值 12，再将 12 赋给变量 j
```

表达式的类型应与变量的类型一致，如同为数值型或同为字符串型。当同为数值型但精度不同时，会强制将表达式的值转换为变量的精度。

例如：

```
Dim i As Integer
Dim j As Integer
i=3.4
```

```
j = 8.5
```

由于 i 和 j 都是整型，按照四舍五入的原则将赋给它们的值转换为整型。因此，i 的实际值为 3，j 的实际值为 9。

赋值语句还用来在代码中设置属性的值。

例如：

```
Command1.Caption = " 确定 "        '将按钮的标题设置为 " 确定 "
Text1.Text = " 文本框 "        '在文本框中显示文本 " 文本框 "
```

需要指出的是赋值号与关系运算符"等号"都是用"="表示，VB 会根据所处的位置自动判断"="是何种意义的符号。

例如：

```
I = 8 = 9
```

其中第 1 个"="是赋值号，第 2 个"="是关系运算符"等号"。语句的含义是将关系运算表达式"8 = 9"赋给变量 I，因此，I 的值为 0（False）。

### 2. 数据输出语句

Print 方法可以在窗体上显示文本字符串和表达式的值，并可在其他图形对象或打印机上输出信息。其语法为：

[ 对象名称 .]Print[{Spc(n)|Tab(n)}][ 表达式 ][;|,]

Print 方法的语法和功能与 BASIC 语言中的 PRINT 语句类似，它们都可以用来进行输出操作。

说明：

1）"对象名称"可以是窗体（Form）、图片框（PictureBox）或打印机（Printer），也可以是立即窗口（Debug）。

2）"表达式"是一个或多个表达式，可以是数值表达式或字符串。对于数值表达式。打印出表达式的值，而字符串则照原样输出。如果省略"表达式"则输出一个空行。

新建工程，双击 Form1，在代码框中过程选择为 Click，输入如下代码。

```
Dim a As Integer, b As Integer
a = 100: b = 300
Print a        '打印变量 a 的值
Print        '输出一个空行
Print "VB"        '输出引号内的字符串
```

输出结果如下。

```
100

VB
```

3）当输出多个表达式或字符串时，各表达式用分隔符（逗号、分号或空格）隔开。如果输出的各表达式之间用逗号分隔，则按标准输出格式（分区输出格式）显示数据项。在这种情况下，以 14 个字符位置为单位把一个输出行分为若干个区段，逗号后面的表达式在下一个区段输出。如果各输出项之间用分号或空格作为分隔符，则按紧凑输出格式输出数据。

例如：

```
Dim a As Integer, b As Integer
```

```
a = 100: b = 300
Print a,b
Print a;b
```

输出结果如下。

```
100    300      '100 和 300 之前相隔 14 个字符位置
100   300       '在 VB 中输出数值数据时数值的前面有 1 个符号位，后面有 1 个空格
```

如果是字符串前后就不会有空格。

例如：

```
Print " 你好 "; " 小熊 "
Print " 你好小熊 "
```

输出结果如下。

```
你好小熊
你好小熊
```

4）Print 方法具有计算和输出双重功能，对于表达式，它先计算后输出。例如：

```
Dim x,y As Integer
x = 5
y = 10
Print  (x+y)/3
```

该例中的 Print 方法先计算表达式"(x+y)/3"的值，然后输出，得到结果为 5。但是应注意，Print 没有赋值功能。

例如：

```
Print z = (x+y)/3
```

则不会出现 z = 5 的结果。

5）在一般情况下，每执行一次 Print 方法要自动换行，也就是说，后面执行 Print 时将在新的一行上显示信息。为了仍在同一行上显示，可以在末尾加上一个分号或逗号。当使用分号时，下一个 Print 输出的内容将紧跟在当前 Print 所输出的信息的后面；如果使用逗号，则在同一行上跳到下一个显示区段显示下一个 Print 所输出的信息。

例如：

```
Print "30+50 = ",
Print 30+50
```

输出结果如下。

```
30+50 =                80      '它们显示在一行，并且相隔 14 个字符
```

如果换成分号，例如：

```
Print "80+100 = ";
Print 80+100
```

输出结果如下。

```
80+100 =  180
```

为了使信息按指定的格式输出，Visual Basic 6.0 提供了几个与 Print 配合使用的函数，包括 Tab、Spc、Space() 和 Format()，这些函数可以与 Print 方法配合使用。

（1）Tab 函数

语法：Tab(n)

Tab 函数把光标移到由参数 n 指定的位置，从这个位置开始输出信息。要输出的内容放在 Tab 函数的后面，并用分号隔开。

例如：

```
Print Tab(25);800        '将在第 25 个位置输出数值 800
```

说明：

1）参数 n 为数值表达式，其值为整数，它是下一个输出位置的列号，表示在输出前把光标（或打印头）移到该列。通常最左边的列号为 1，如果当前的显示位置已经超过 n，则自动下移一行。

2）在 Visual Basic 中，对参数 n 的取值范围没有具体限制。当 n 比行宽大时，显示位置为 n 对行宽取模后的值；如果 n 小于 1，则把输出位置移到第一列。

3）当在一个 Print 方法中有多个 Tab 函数时，每个 Tab 函数对应一个输出项，各输出项之间用分号隔开。

（2）Spc 函数

语法：Spc(n)

在 Print 的输出中，用 Spc 函数可以跳过 n 个空格。

说明：

1）参数 n 是一个数值表达式，其取值范围为 0 ～ 32 767 的整数。Spc 函数与输出项之间用分号隔开。例如：

```
Print "ABC"; spc(8); "DEF"
```

输出结果如下。

```
ABC        DEF        '首先输出"ABC"，然后跳过 8 个空格，输出"DEF"
```

2）Spc 函数和 Tab 函数作用类似，而且可以互相代替。但应注意，Tab 函数需要从对象的左端开始计数，而 Spc 函数只表示两个输出项之间的间隔。

（3）Space 函数

语法：Space$ (n)

Space$ 函数，用来返回 n 个空格。

例如（在"立即"窗口中试验）：

```
Print "ABC"; space$(8); "DEF"
```

输出结果如下。

```
ABC        DEF
```

Space$(n) 函数与 Spc(n) 函数的区别为：Space$(n) 函数里的"$"是字符串类型说明符，可返回一个字符串值。可用于字符串的运算，使用时可以用字符串连接符连接。Spc(n) 函数是与 Print 方法配合使用的函数，可直接控制输出位置。

例如，在窗体的单击事件中输入以下代码。

```
Private Sub Form_Load()
    MsgBox "你好" & Space(8) & "小熊"
End Sub
```

输出结果为在对话框中输出"你好"再输出 8 个空格然后输出"小熊"。

如果将以上代码中的 Space(8) 换成 Spc(8) 再次运行出现语法错误，由此可以看出 Spc(n) 函数不能用于字符串的运算。

### 3. 清除语句 Cls

语法：[< 对象名称 >.]Cls

功能：可以清除 Form 或 PictureBox 中由 Print 方法和图形方法在运行时所产生的文本或图形，清除后的区域以背景色填充。设计时使用 Picture 属性设置的背景位图和放置的控件不受 Cls 影响。

**任务实施**

1）创建如图 4-2 所示的窗体。

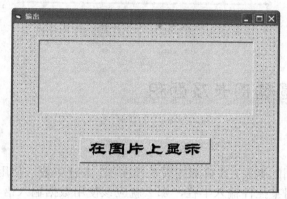

图 4-2　窗体

2）在窗体上添加图片框和按钮控件，各控件的属性设置见表 4-1。

表 4-1　各控件的属性设置

| 调 整 对 象 | 控 件 类 型 | 调 整 内 容 |
| --- | --- | --- |
| 窗体 | Form | Height：5 460；Width：7 665；Caption：输出 |
| 图片框 | Picture | Font：隶书，一号，加粗 |
| 按钮 | Button | Font：隶书，一号，加粗；Caption：在图片上显示 |

3）程序代码如图 4-3 所示。

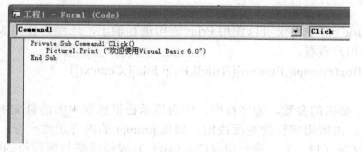

图 4-3　程序代码

4）运行结果如图 4-4 所示。

注意：如果省略"对象名称"，则在当前窗体上输出。

33

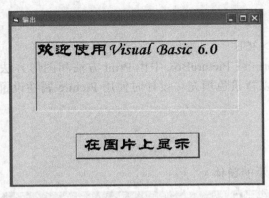

图 4-4　运行结果

# 任务二　计算圆的周长及面积

## 任务分析

在输入框中输入圆的半径，计算圆的周长及面积。本任务要求使用输入框输入圆的半径，所以不能在窗体中使用某控件输入半径，那么就应该使用数据输入语句。

## 理论知识

### 1. 数据输入语句

InputBox 函数的一般语法为：
InputBox( 提示内容 ,[ 标题 ],[ 输入框起始值 ],[X 坐标位置 ],[Y 坐标位置 ])
功能：弹出对话框，供用户输入信息。

### 2. 消息框

在 Visual Basic 6.0 中不仅可以使用 Print 语句进行输出，还经常使用 MsgBox 语句弹出消息对话框，供用户查看。
语法：MsgBox(Prompt[,Buttons][,Title][,Help File][,Context])
参数说明：
1）Prompt，必需的参数，为字符串，作为显示在消息框中的消息文本。其最大长度约为 1 024 个字符，由所用字符的宽度决定。如果 prompt 的内容超过一行，则可以在每一行之间用回车符（Chr（13））、换行符（Chr（10））或是回车与换行符的组合（Chr（13）&Chr（10））将各行分隔开来。
2）Buttons，可选的参数，为数值表达式的值之和，指定显示的按钮的数目及形式、使用的图标样式、默认按钮及消息框的强制回应等，可以此定制消息框。若省略该参数，则其默认值为 0。Buttons 参数的设置见表 4-2。

表 4-2　Buttons 参数的设置

| 常　　量 | 值 | 说　　明 |
|---|---|---|
| vbOKOnly | 0 | 只显示"确定"按钮 |
| vbOKCancel | 1 | 显示"确定"和"取消"按钮 |
| vbAbortRetryIgnore | 2 | 显示"终止"、"重试"和"忽略"按钮 |
| vbYesNoCancel | 3 | 显示"是"、"否"和"取消"按钮 |
| vbYesNo | 4 | 显示"是"和"否"按钮 |
| vbRetryCancel | 5 | 显示"重试"和"取消"按钮 |
| vbCritical | 16 | 显示"关键信息"图标 |
| vbQuestion | 32 | 显示"警告询问"图标 |
| vbExclamation | 48 | 显示"警告消息"图标 |
| vbInformation | 64 | 显示"通知消息"图标 |
| vbDefaultButton1 | 0 | 第 1 个按钮是默认值（默认设置） |
| vbDefaultButton2 | 256 | 第 2 个按钮是默认值 |
| vbDefaultButton3 | 512 | 第 3 个按钮是默认值 |
| vbDefaultButton4 | 768 | 第 4 个按钮是默认值 |
| vbApplicationModal | 0 | 应用程序强制返回；应用程序一直被挂起，直到用户对消息框作出响应才继续工作 |
| vbSystemModal | 4 096 | 系统强制返回；全部应用程序都被挂起，直到用户对消息框作出响应才继续工作 |
| vbMsgBoxHelpButton | 16 384 | 将"Help"按钮添加到消息框 |
| vbMsgBoxSetForeground | 65 536 | 指定消息框窗口作为前景窗口 |
| vbMsgBoxRight | 524 288 | 文本为右对齐 |
| vbMsgBoxRtlReading | 1 048 576 | 指定文本应为在希伯来和阿拉伯语系统中的从右到左显示 |

　　3）Title，可选的参数，表示在消息框的标题栏中所显示的文本。若省略该参数，则将应用程序名放在标题栏中。

　　4）HelpFile，可选的参数，为字符串表达式，提供帮助文件。若有 HelpFile，则必须有 Context。

　　5）Context，可选的参数，为数值表达式，提供帮助主题。若有 Context，则必须有 HelpFile。

　　MsgBox 函数的返回值见表 4-3。

表 4-3　MsgBox 函数的返回值

| 常　　量 | 值 | 说　　明 |
|---|---|---|
| vbOK | 1 | 确定 |
| vbCancel | 2 | 取消 |
| vbAbort | 3 | 终止 |
| vbRetry | 4 | 重试 |
| vbIgnore | 5 | 忽略 |
| vbYes | 6 | 是 |
| vbNo | 7 | 否 |

### 任务实施

窗体布局如图 4-5 所示。

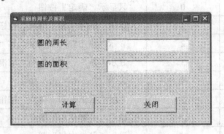

图 4-5　窗体布局

代码如下：

```
Private Sub Command1_Click()
    Dim r As Single, k As Single
    r = Val(InputBox(" 请输入圆的半径 ", " 计算它的周长和面积 "))
    k = 2 * 3.14 * r
    s = 3.14 * r * r
    Text1.Text = k
    Text2.Text = s
    MsgBox " 计算已完成 ", , " 例题 "
End Sub

Private Sub Command2_Click()
    end
End Sub
```

当单击"计算"按钮时首先出现如图 4-6 所示的 InputBox 对话框。输入圆半径的值进行计算。计算完成出现提示对话框。

图 4-6　InputBox 对话框

## 任务三　判断键盘输入字符的类型

### 任务分析

输入某字符，判断其是何种类型。

实现判断结构必须采用选择控制结构。对于字符的类型划分成 3 类：字母、数字、其他，所以采用 Select Case 结构较为简单。

### 理论知识

用顺序结构编写的程序比较简单，只能实现一些简单的处理。在实际应用中，有许多问题需要判断某些条件，根据判断的结果控制程序的流程。使用选择结构就可以实现这样的处理。选择结构是指根据所给的条件选择执行的分支。它的特点是在若干个分支中必选且只选其一。VB 中提供了 3 种分支结构，分别是单分支条件结构、双分支条件结构和多分支结构。

### 1. 单分支条件语句

语法：

If <条件表达式> Then <语句块>

或：

If <条件表达式> Then

　　<语句块>

End If

其中 <条件表达式> 一般是关系表达式或逻辑表达式，也可以是算术表达式。<语句块> 是指一条或多条要执行的语句。如果表达式的值不为零（True）即条件为真，则执行 Then 后面的语句块。如果表达式的值为零（False）即条件为假，则不执行 Then 后面的语句块，而直接开始执行 End If 后的其他语句。该条件语句只有一个分支，因此称为单分支结构。其流程图如图 4-7 所示。

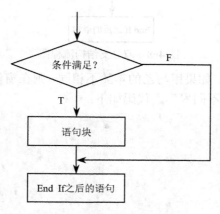

图 4-7　单分支结构流程图

例如：如果甲的年龄（Age1）与乙的年龄（Age2）相同，则在窗体上显示出他们的年龄，并且显示一行文本"甲与乙同岁"。代码如下：

```
If Age1 = Age2 Then
    Print Age1
    Print" 甲与乙同岁 "
End If
```

如果写成一种较简单的形式，则各条语句之间必须以冒号分隔。例如：

```
If Age1=Age2 Then Print Age1:Print" 甲与乙同岁 "
```

### 2. 双分支条件语句

语法：
```
If< 条件表达式 >Then
    <语句块 1>
Else
    <语句块 2>
End If
```

如果 < 条件表达式 > 的值不为零（True）即条件为真，则执行 Then 后面的语句块。否则，执行 Else 后面的语句块。该条件语句有两个分支，因此称为双分支结构。其流程图如图 4-8 所示。

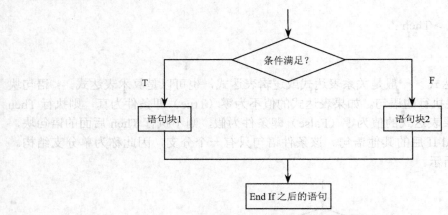

图 4-8　双分支结构流程图

例如：对上例进行扩充，如果甲与乙的年龄不相同，则在窗体上分别显示出他们的年龄，并且显示一行文本"甲与乙不同岁"。代码如下：

```
If Age=Age2 Then
    Print Age1
    Print" 甲与乙同岁 "
Else
    Print Age1
    Print Age2
    Print" 甲与乙不同岁 "
End If
```

### 3. 多分支语句

语法：
```
If< 条件表达式 1>Then
    <语句块 1>
```

ElseIf< 条件表达式 2> Then

    < 语句块 2>

    ……

Else

    < 语句块 n+1>

End If

该语句可以有多个分支，称为多分支结构。多分支结构是这样执行的：先测试 < 条件表达式 1>，如果值为 1（True）即条件为真，则执行 Then 后面的 < 语句块 1>；如果 < 条件表达式 1> 的值不为 1（False），继续测试 < 条件表达式 2> 的值，如果值为 1（True）执行 Then 后面的 < 语句块 2>……就这样依次测试下去。只要遇到一个条件表达式的值为 1，就执行它对应的语句块，然后执行 End If 后面的语句，而其他语句块都不执行。如果所有条件表达式的值均不为 1 即条件都不成立，则执行 Else 后面的 < 语句块 n+1>。其流程图如图 4-9 所示。

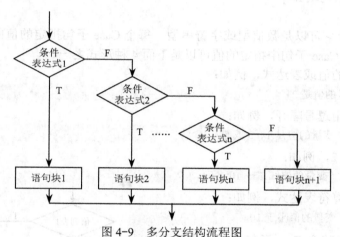

图 4-9　多分支结构流程图

使用代码对学生的成绩给予评定。

```
Dim S As Single
    S = 89
If S> = 0 And S <60 Then
    Print " 差 "
ElseIf S> = 60 And S<75 Then
    Print" 中 "
ElseIf S> = 75 And S<86 Then
    Print" 良 "
ElseIf S> = 85 And S<100 Then
    Print" 优 "
Else
    Print " 成绩错误 "
End If
```

不管有几个分支，依次判断，当某条件满足执行相应的语句，其余分支不再执行；若条件都不满足且有 Else 子句，则执行该语句块，否则什么也不执行。

注意：ElseIf 不能写成 Else If。

当分支比较多的时候，使用 ElseIf 容易混乱，这个时候使用 Select Case 语句比较方便。

语法：

Select Case< 变量 >

   Case     < 值列表 1>

          < 语句块 1>

   Case     < 值列表 2>

          < 语句块 2>

      ……

   Case     < 值列表 n-1>

          < 语句块 n-1>

   [Case Else

          < 语句块 n>]

End Select

其中的 < 变量 > 可以是数值型或字符串型。每个 Case 子句指定的值的类型必须与 < 变量 > 的类型相同。Case 子句中指定的值可以是下面 4 种形式之一。

1）一个具体的值或表达式，例如：

```
Case 2        '变量的值是 2
```

2）一组值，用逗号隔开，例如：

```
Case 1, 3, 5        '变量的值是 1、3 或 5
```

3）值 1 To 值 2，例如：

```
Case 1 To 10        '变量的值在 1 ～ 10 之间
```

4）Is 关系运算符表达式，例如：

```
Case Is<10        '变量的值小于 10
```

当变量的值与某个 Case 子句指定的值匹配时就执行该 Case 子句中的语句块，然后执行 End Select 后面的语句。因此，即使变量同时与多个 Case 子句指定的值相匹配也只是执行第一个与变量匹配的 Case 子句中的语句块。这一点与 If…Then…ElseIf 语句相同。Case Else 子句是可选的，如果变量的值与任何一个 Case 子句提供的值都不匹配，则执行 Case Else 子句后面的 < 语句块 n>。其流程图如图 4-10 所示。

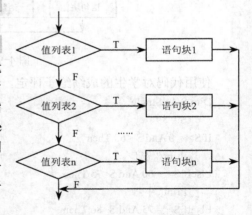

图 4-10　Select Case 流程图

使用 Select Case 语句可以将评定学生成绩的代码进行如下修改，实现对学生成绩的查询。

```
Dim score As Integer, temp As String
score = Val(Text1.Text)
temp = " 成绩等级为： "
Select Case score
    Case 0 To 59
        Label1.Caption = temp + " 不及格 "
```

```
        Case 60 To 69
            Label1.Caption = temp + " 及格 "
        Case 70 To 79
            Label1.Caption = temp + " 中等 "
        Case 80 To 89
            Label1.Caption = temp + " 良好 "
        Case 90 To 100
            Label1.Caption = temp + " 优秀 "
        Case Else
            Label1.Caption = " 成绩输入错误 "
    End Select
```

### 4. IIf 函数、Switch 函数、Choose 函数

IIf 函数语法为：

IIf( 表达式 , 当表达式为 True 时的值 , 当表达式为 False 时的值 )

例如求 x 和 y 中较大的数，放入 Tmax 变量中，代码如下。

```
Tmax = IIf(x > y,x,y)
```

Switch 函数语法为：

Switch( 条件表达式 1, 条件表达式 1 为 True 时的值

[, 条件表达式 2, 条件表达式 2 为 True 时的值……])

Choose 函数语法为：

Choose( 数字类型变量 , 值为 1 的返回值 , 值为 2 的返回值……)

例如 Nop 是 1 ～ 4 的值，转换成 +、-、×、÷ 运算符，代码如下。

```
Op = Choose(Nop,"+","-","×","÷")
```

当值为 1 时，返回字符串 "+"，然后放入 Op 变量中，值为 2，返回字符串 "-"，依次类推；当 Nop 是 1 ～ 4 的非整数时，系统自动取 Nop 的整数，再判断；若 Nop 不在 1 ～ 4 之间，函数返回 Null 值。

## 任务实施

1）打开 Visual Basic 6.0，选择菜单 "文件" → "新建工程" 命令新建 1 个工程。在窗体中添加标签、文本框和按钮等控件，各控件的属性设置见表 4-4。

表 4-4　各控件的属性设置

| 调整对象 | 控件类型 | 调整内容 |
| --- | --- | --- |
| 窗体 Form1 | Form | Height：4 815；Width：7 815；Caption：判断字符 |
| 提示 | Label | Caption：请输入判断字符 |
| 判断字符 | TextBox | Height：615；Width：2 055 |
| 结果 | TextBox | Height：615；Width：2 055 |
| 判断 | Button | Height：615；Width：1 575；Caption：判断 |

得到如图 4-11 所示的程序窗体。

2）保存 Form1 窗体。

3）程序代码如图 4-12 所示。

代码片段：

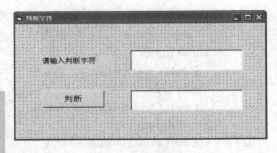

图 4-11　程序窗体

```
Private Sub Command1_Click()
    Cls
    Dim strc As String
    strc = Text1.Text
    Select Case strc
        Case "a" To "z", "A" To "Z"
            Text2.Text = strc + " 是字母字符 "
        Case "0" To "9"
            Text2.Text = strc + " 是数字字符 "
        Case Else
            Text2.Text = strc + " 其他字符 "
    End Select
End Sub
```

图 4-12　程序代码

4）程序运行结果如图 4-13 所示。

图 4-13　程序运行结果

## 任务四　求累加和

### 任务分析

编写程序，求 1 ～ 100 的累加和。使用循环结构实现累加求和。

**理论知识**

在程序设计中，经常会遇见按一定的规则重复执行某些运算或操作的情况，例如统计全校几千名学生的成绩、求若干个数之和等。对于这类问题，如果用顺序程序处理将十分繁琐，有时也难以实现。这种情况下就要使用循环结构来实现。

循环是在指定的条件下多次重复执行一组语句。Visual Basic 程序语言中提供了两种类型的循环语句，一种是计数型循环语句，另一种是条件型循环语句。

For/Next 循环语句是计数型循环语句，用于控制循环次数已知的循环结构。语法为：

For 循环变量 = 初值 To 终值 [Step 步长 ]

    [ 循环体 ]

Next [ 循环变量 ]

说明：

1）循环变量，用作循环计数器的变量，必须为数值型。

2）初值、终值，数值型，也可以是数值表达式。

3）步长，数值型，也可以是数值表达式，但不能为 0。如果步长是 1，则"Step 1"可以省略不写。

4）循环体，在 For 和 Next 之间的一条或多条语句，它们将被执行指定的次数。在循环体内可以有 ExitFor 语句，当遇到该语句时退出循环。

5）Next 后面的循环变量与 For 语句中的循环变量必须相同。

6）循环次数由初值、终值和步长确定，计算公式见下式。

循环次数 = Int（（终值 – 初值）/ 步长）+1

利用该公式可以方便地计算出循环体执行的次数。

For 循环流程图如图 4-14 所示。

执行过程如下。

1）系统将初值赋给循环变量，并自动记下终值和步长。

2）判断循环变量是否超过终值；未超过终值，则执行循环体一次；否则循环结束，执行 Next 后面的语句。

3）将循环变量加上一个步长，转到第 2）步继续执行。

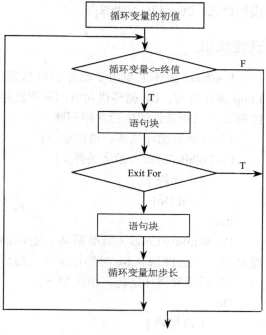

图 4-14　For 循环流程图

**任务实施**

在窗体的单击事件中编写如下程序：

```
Private Sub Form_Click()
    Dim i as Integer, s as Integer
    s = 0
    For i = 1 To 100
        s = s + i
    Next i
    Print "1 至 100 的累加和为："; s
End Sub
```

其中，i 为循环变量，其值在 1 ～ 100 之间，计算结果放在累加变量 S 中。

# 任务五   求人口数

## 任务分析

我国有 13 亿人口，按人口年增长 0.8% 计算，多少年后我国人口超过 26 亿。本任务中求的是终值，所以不能使用 For/Next 循环。此时使用 Do/Loop 循环较为简单。解决此问题可根据公式：$26 = 13(1+0.008)^n$。

## 理论知识

For/Next 循环主要用于已知循环次数的情况。若事先不知道循环次数，可以使用 Do/Loop 循环语句。Do 循环语句有两种语法格式：前测型循环结构和后测型循环结构。两者的区别在于判断条件的先后次序不同。

1）前测型循环结构。语法如下：

Do [While|Until < 循环条件 >]

    [ 语句块 ]

    [Exit Do]

Loop

Do While…Loop（当型循环）语句的功能是：当指定的"循环条件"为 True 时执行循环体，当条件为 False 时终止循环。当型循环流程图如图 4-15 所示。

2）后测型循环结构。语法如下：

Do

    [ 语句块 ]

    [Exit Do]

Loop {While|Until} < 循环条件 >

这种循环结构与前测型循环结构的功能相似，只是先执行循环体再判断条件，根据条件成立与否决定是否继续执行循环。

这种循环结构的特点是循环体至少执行一次。后测型循环流程图如图 4-16 所示。

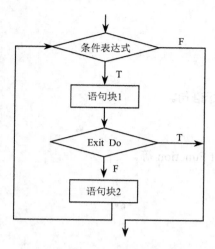

图 4-15　当型循环流程图

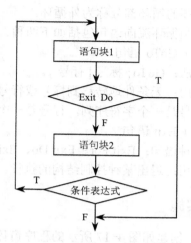

图 4-16　后测型循环流程图

**任务实施**

程序代码如下：

```
Private Sub Command1_Click()
    x = 13
    n = 0
    Do While x < 26
        x = x * 1.008
        n = n + 1
    Loop
    Print n, x
End Sub
```

# 任务六　打印"九九乘法表"

**任务分析**

单击"打印九九乘法表"的按钮，将在本窗体输出九九乘法表。

由于打印"九九乘法表"时，既有行的变化又有列的变化，所以使用循环嵌套实现。外层循环控制行数，内层循环控制列数。

**理论知识**

一个循环体内又包含了一个完整的循环结构称为循环的嵌套，也叫做多重循环。

在嵌套结构中，对嵌套的层数没有限制，有几层嵌套就说是几重循环，如二重循环、三重循环、四重循环等。通常把嵌套在一个循环体内部的循环部分称为内循环，把嵌套了

45

其他循环的循环部分称为外循环。

控制循环流向语句包括如下两种。

（1）GoTo 语句

语法：GoTo{ 标号 | 行号 }。

作用：无条件地转移到标号或行号指定的那行语句。

标号是一个字符序列，行号是一个数字序列。

（2）Exit 语句

多种语句：Exit For、Exit Do、Exit Sub、Exit Function 等。

作用：退出某种控制结构的执行。

**任务实施**

1）创建如图 4-17 所示的程序窗体。

图 4-17　程序窗体

2）选择菜单"文件"→"保存工程"命令保存工程，如图 4-18 所示。

3）程序代码如图 4-19 所示。

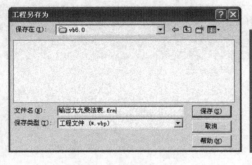

图 4-18　保存工程　　　　　　　　　　图 4-19　程序代码

代码片段：

```
Private Sub Command1_Click()
    Dim i, j, s As Integer
    For i = 1 To 9
        For j = 1 To 9
            s = i * j
            Print i; "X"; j; " = ";
            If s < 10 Then Print " ";
            Print s; " ";
```

```
                    Next
                  Print
          Next
    End Sub
```

4）程序运行结果如图 4-20 所示。

可以通过选择菜单"运行"→"启动"命令运行程序，也可以单击工具栏的"启动"按钮来运行程序。

图 4-20　程序运行结果

## 拓展练习

1）输出如图 4-21 所示的"九九乘法表"。

2）创建如图 4-22 所示的 QQ 登录窗口，当输入的"QQ 号码"为"123456"，"QQ 密码"为"000000"时，单击"登录"按钮后弹出消息框"登录成功"，否则均提示"用户名或密码错误"。

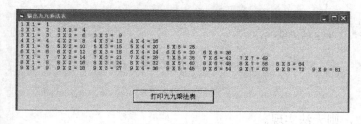

图 4-21　"九九乘法表"

图 4-22　QQ 登录窗口

## 模块小结

本模块主要介绍了 Visual Basic 程序的基本结构，主要包括 If 语句、Select Case 语句、For 循环、Do 循环、While 循环的语法知识，以及如何根据应用程序需要使用判断和循环语句。其中，循环语句的循环过程难以控制，需要结合实例多进行分析和实践。

# 模块五 数 组

## 任务一 输出数字图形

### 任务分析

5 行数字输出，使用 For/Next 循环控制；每列数字都是用 "5" 乘以当前的行数得到的结果与当前的列数求和得到的，所以使用双重循环实现。输出结果如图 5-1 所示。

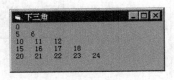

图 5-1 输出结果

### 理论知识

一个变量只能存放一个数据，当需要处理的数据比较多时，如果使用大量不同名的简单变量处理起来很不方便。这时就希望同一类的变量有一个相同的名字，用编号来区分它们，这种带有 "编号" 的同名变量的集合就是数组。

例如：要求 100 个学生的平均成绩，然后统计高于平均分的人数。

```
aver = 0
For i = 1 To 100
    mark = InputBox(" 输入 " + i + " 位学生的成绩 ")
    aver = aver + mark
Next i
aver = aver / 100
```

但若要统计高于平均分的人数，则无法实现。

已有知识解决方法：再重复输入成绩。这会带来两个问题：

1）输入数据的工作量成倍增加。

2）若本次输入的成绩与上次不同，则统计的结果不正确。

解决此问题的根本方法是引入数组，始终保持输入的数据，一次输入多次使用。

数组不是一种数据类型，而是一组相同类型的变量的集合。在程序中使用数组的最大好处是用一个数组名代表逻辑上相关的一批数据，用下标表示该数组中的各个元素，和循环语句结合使用，使得程序书写简洁。

数组元素：数组中的某一个数据项。其使用方法与简单变量的使用方法相同。

数组：必须先声明后使用。

两类数组：静态（定长）数组、动态（可变长）数组。

## 1. 静态数组及声明

静态数组：在声明时已确定了数组元素个数。

语法：Dim　数组名 ( 下标 1[, 下标 2……])[As 类型 ]

维数：几个下标为几维数组，最多 60 维。

下标：[ 下界 To] 上界，下界最小为 –32 768，上界最大为 32 767，省略下界为 0。下标必须为常数，不可以为表达式或变量。

每一维的大小：上界－下界 +1。

数组的大小：每一维大小的乘积。

As 类型：如果省略，默认为变体类型。例如：

```
Dim mark(1 to 100) As Integer
```

| mark(1) | mark(2) | mark(3) | …… | mark(99) | mark(100) |
|---------|---------|---------|-----|----------|-----------|

```
Dim lArray (0 To 3, 0 To 4) As Long    ' 共有 4×5 个元素，等价于 Dim lArray(3, 4) As Long
```

| lArray(0,0) | lArray(0,1) | lArray(0,2) | lArray(0,3) | lArray(0,4) |
|-------------|-------------|-------------|-------------|-------------|
| lArray(1,0) | lArray(1,1) | lArray(1,2) | lArray(1,3) | lArray(1,4) |
| lArray(2,0) | lArray(2,1) | lArray(2,2) | lArray(2,3) | lArray(2,4) |
| lArray(3,0) | lArray(3,1) | lArray(3,2) | lArray(3,3) | lArray(3,4) |

## 2. 动态数组及声明

动态数组是指在声明数组时未给出数组的大小（省略括号中的下标），当要使用它时，随时用 ReDim 语句重新指出数组大小。语法如下：

Dim 数组名 ()

ReDim 数组名 ( 下标 1[, 下标 2……])[As 类型 ]

例如：

```
Sub Form_Load()
    Dim x() As Single
    …
    n = InputBox(" 输入 n")
    ReDim x(n)
    …
End Sub
```

注意：Dim、Private、Public 变量声明语句是说明性语句，可出现在过程内或通用声明段；ReDim 语句是执行语句，只能出现在过程内。

在过程中可多次使用 ReDim 来改变数组的大小和维数。

使用 ReDim 语句会使原来数组中的值丢失，可以在 ReDim 语句后加 Preserve 参数来保留数组中的数据。使用 Preserve 时只能改变数组最后一维的大小，前面几维的大小不能改变。

ReDim 中的下标可以是常量，也可以是有了确定值的变量。

静态数组在程序编译时分配存储单元，而动态数组在运行时分配存储单元。

代码如下：

```
For i = 0 To 4
    For j = 0 To i
        sc(i, j) = i * 5 + j
        Print sc(i, j); " ";
    Next j
    Print        '换行
Next    i
```

# 任务二　求最大值和最小值

## 任务分析

求数组中的最大元素及其下标并求数组中各元素之和。

## 理论知识

应掌握的基本操作有：数组初始化、数组输入、输出、求数组中最大（最小）元素及下标、求和、平均值、排序和查找等。

### 1．对数组元素赋初值

（1）用循环

```
Dim ia(1 to 10) As Integer
For    i = 1 To 10
    ia(i) = 0
Next i
```

（2）Array 函数

```
Dim ib As Variant
ib = Array("abc", "def", "67")    'ib 数组有 3 个元素，上界为 2
For i = 0 To UBound(ib)
    Picture1.Print ib(i); " ";
Next i
```

注意：

1）利用 Array 对数组各元素赋值，声明的数组是可变数组或连圆括号都可省略的数组，并且其类型只能是 Variant。

2）数组的下界为零，上界由 Array 函数括号内的参数个数决定，也可通过函数 UBound

获得上界，LBound 获得下界。

3）赋值号左边的数组只能声明为 Variant 的可调数组或简单变量。

4）赋值号两边的数据类型必须一致。

## 2. 输入数组元素

（1）通过 InputBox 函数输入少量数据

```
Dim sB(3,4) As Integer
For i = 0 To 3
    For j = 0 To 4
            sB(i,j) = InputBox(" 输入 " & i & j & " 的值 ")
    Next j
Next i
```

（2）通过文本框控件输入

对大批量的数据输入，采用文本框和函数 split()/join() 进行处理，效率更高。

## 3. 对数组元素赋值

在 Visual Basic 6.0 中可以直接将一个数组的值赋值给另一个数组。

```
Dim a(3) as integer, b() as Integer
A(0) = 2: A(1) = 5: A(2) = −2: A(3) = 2
b = a
```

在早期的 Visual Basic 程序中，这需要用循环语句才可以实现。

```
ReDim b(UBound(a))
For I = 0 to UBound(a)
    b(I) = a(I)
Next i
```

注意：

1）赋值号两边的数据类型必须一致。

2）如果赋值号左边是一个动态数组，则赋值时系统自动将动态数组 ReDim 为与右边相同大小的数组。

3）如果赋值号左边是一个大小固定的数组则数组赋值出错。

## 4. 输出数组元素

用 For…Next 循环语句可以把数组元素输出。

任务实施

代码如下：

```
Dim Max, i, iMax, s, iA(1 To 10) As Integer
For i = 1 To 10
    iA(i) = InputBox(i)    ' 给数组赋初值
Next i
Max = iA(1): iMax = 1: s = iA(1)
```

```
For i = 2 To 10
    s = s + iA(i)        ' 累计求和
    If iA(i) > Max Then
        Max = iA(i)          ' 找最大值
        iMax = I         ' 找最大值下标
    End If
Next i
For i = 1 To 10
    Print iA(i)      ' 输出数组值
Next i
Print s, Max, iMax        ' 输出数组元素和、最大值及下标
```

## 任务三　统计字符

### 任务分析

输入 1 串字符，统计各字母出现的次数，不区分字母大小写。

1）数组定义。统计 26 个字母出现的次数，先声明 1 个具有 26 个元素的数组，每个元素的下标表示对应的字母，元素的值表示对应字母出现的次数。

2）从输入的字符串中逐一取出字符，转换成大写字符（不区分大小写），进行判断。

3）字母所对应的 ASCII 码。Asc("A") = 65，Asc("Z") = 122，Asc("a") = 97，Asc("z") = 90。

### 任务实施

1）打开 Visual Basic 6.0，选择菜单"文件"→"新建工程"命令新建 1 个工程。在窗体中添加标签、文本框和按钮等控件，各控件的属性设置见表 5-1。

表 5-1　各控件的属性设置

| 调 整 对 象 | 控 件 类 型 | 调 整 内 容 |
| --- | --- | --- |
| 窗体 Form1 | Form | Height：6 615；Width：9 150；Caption：统计 |
| 提示 | Label | Caption：请输入判定字符串 |
| 提示 | Label | Caption：统计结果 |
| 判断字符 | TextBox | Height：975；Width：5 535 |
| 结果 | PictureBox | Height：975；Width：4 935 |
| 统计 | Button | Height：375；Width：855；Caption：统计 |

得到如图 5-2 所示的程序窗体。

2）保存 Form1 窗体。

3）程序代码如图 5-3 所示。

代码片段：

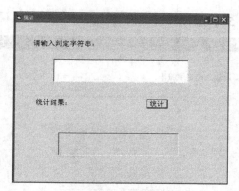

图 5-2 程序窗体

```
Private Sub Command1_Click()
    Picture1.Cls
    Dim n As Integer
    Dim a(1 To 26) As Integer
    Dim c As String * 1
    le = Len(Text1.Text)
    For i = 1 To le
        c = UCase(Mid(Text1, i, 1))
        If c > = "A" And c < = "Z" Then
            j = Asc(c) - 65 + 1
            a(j) = a(j) + 1
        End If
    Next i

    For i = 1 To 26
        If a(i) > 0 Then
         Picture1.Print Chr(i + 64); " = "; a(i),
        End If
    Next
End Sub
```

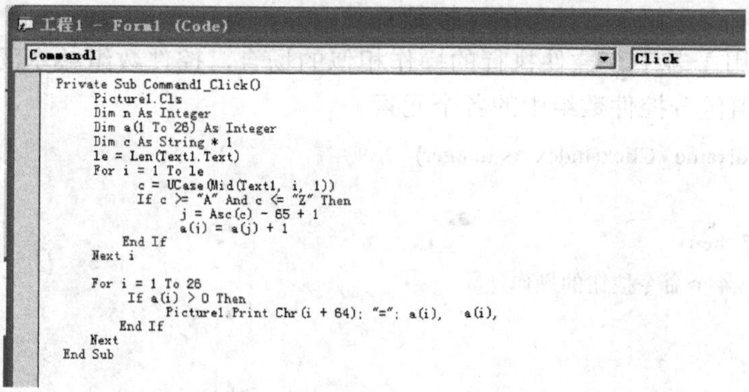

图 5-3 程序代码

4）程序运行结果如图 5-4 所示。

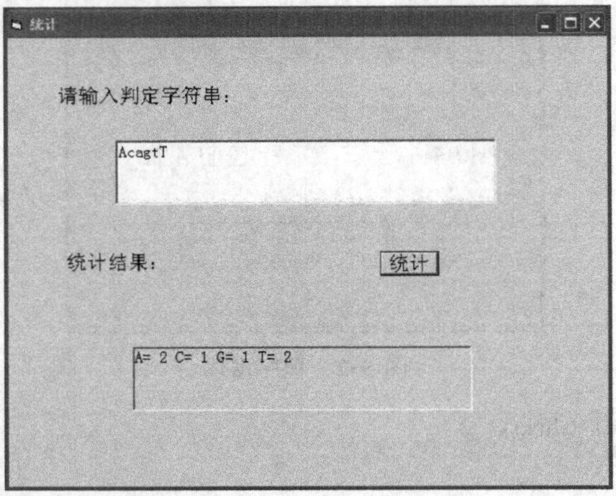

图 5-4　程序运行结果

## 任务四　画图演示

### 任务分析

建立含有 6 个命令按钮的控件数组，当单击其中的命令按钮时，分别显示不同的图形或结束操作。由于命令按钮比较多，如果是独立的按钮，编程比较麻烦，而使用下标进行按钮的管理比较简单，所以使用控件数组。使用 Select/Case 语句实现画不同图的功能。数组控件的下标作为每一条 Case 语句的值。

### 理论知识

控件数组是由 1 组相同类型的控件组成。它们共用 1 个控件名，具有相同的属性，建立时系统给每个元素赋 1 个唯一的索引号（Index），通过属性窗口的 Index 属性可以知道该控件的下标是多少，第 1 个控件的下标是 0。

控件数组适用于若干个控件执行的操作相似的场合，控件数组共享同样的事件过程，通过返回的下标值区分控件数组中的各个元素。

```
Private Sub cmdName _Click(Index As Integer)
    …
    If Index = 3 then
        ' 处理第 4 个命令按钮的操作
    End If
    …
End Sub
```

### 1．设计时建立控件数组

1）在窗体上画出控件，进行属性设置，这是建立的第 1 个元素。

2）选中该控件并进行"Copy"，然后进行若干次"Paste"操作建立所需个数的控件数组元素。

3）进行事件过程的编程。

### 2．运行时添加控件数组

建立的步骤如下。

1）在窗体上画出控件，设置该控件的 Index 值为 0，表示该控件为数组，这是建立的第一个元素。

2）在编程时通过 Load 方法添加其余的若干个元素，也可以通过 Unload 方法删除某个添加的元素。

3）每个新添加的控件数组通过 Left 和 Top 属性确定其在窗体的位置，并将 Visible 属性设置为 True。

**任务实施**

1）打开 Visual Basic 6.0，选择菜单"文件"→"新建工程"命令新建 1 个工程。在窗体中添加图片框和按钮控件数组，使用复制、粘贴的方法创建控件数组，如图 5-5 所示。

图 5-5　创建控件数组

窗体中各控件的属性设置见表 5-2。

表 5-2　各控件的属性设置

| 调整对象 | 控件类型 | 调整内容 |
| --- | --- | --- |
| 窗体 | Form | Height：6 510；Width：7 935；Caption：画图演示 |
| 图片框 | PictureBox | Height：5 415；Width：5 295 |
| 按钮 | Command1 | Height：495；Width：1 215；Caption：画直线；下标：0 |
| 按钮 | Command1 | Height：495；Width：1 215；Caption：画矩形；下标：1 |
| 按钮 | Command1 | Height：495；Width：1 215；Caption：画三角形；下标：2 |
| 按钮 | Command1 | Height：495；Width：1 215；Caption：画圆弧；下标：3 |
| 按钮 | Command1 | Height：495；Width：1 215；Caption：画圆；下标：4 |
| 按钮 | Command1 | Height：495；Width：1 215；Caption：退出；下标：5 |

窗体布局如图 5-6 所示。

2）选择菜单"文件"→"保存工程"命令保存工程，如图 5-7 所示。

3）程序代码如图 5-8 所示。

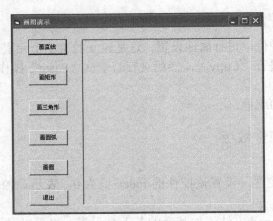

图 5-6　窗体布局

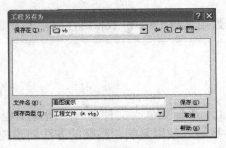

图 5-7　保存工程

```
工程1 - Form1 (Code)
Form                                              Load
    Private Sub Command1_Click(Index As Integer)
        Picture1.Cls
        Select Case Index
            Case 0
                Picture1.Print "画直线"
                Picture1.Line (2, 2)-(8, 8), RGB(0, 0, 0)
            Case 1
                Picture1.Print "画矩形"
                Picture1.Line (2, 2)-(8, 8), RGB(0, 250, 0), BF
            Case 2
                Picture1.Print "画三角形"
                Picture1.Line (1, 8)-(5, 1), RGB(250, 0, 0)
                Picture1.Line (5, 1)-(9, 8), RGB(250, 0, 0)
                Picture1.Line (9, 8)-(1, 8), RGB(250, 0, 0)
            Case 3
                Picture1.Print "画圆弧"
                Picture1.Circle (5, 5), 3.5, RGB(0, 0, 250), -3.14/2, -3.14
            Case 4
                Picture1.Print "画圆"
                Picture1.Circle (5, 5), 3.5, RGB(50, 50, 150)
            Case Else
                End
        End Select
    End Sub

    Private Sub Form_Load()
        Picture1.Scale (0, 0)-(10, 10)
    End Sub
```

图 5-8　程序代码

代码片段：

```
Private Sub Command1_Click(Index As Integer)
    Picture1.Cls
    Select Case Index
        Case 0
            Picture1.Print " 画直线 "
            Picture1.Line (2, 2)-(8, 8), RGB(0, 0, 0)
        Case 1
            Picture1.Print " 画矩形 "
            Picture1.Line (2, 2) - (8, 8), RGB(0, 250, 0), BF
```

```
            Case 2
                Picture1.Print " 画三角形 "
                Picture1.Line (1, 8)-(5, 1), RGB(250, 0, 0)
                Picture1.Line (5, 1)-(9, 8), RGB(250, 0, 0)
                Picture1.Line (9, 8)-(1, 8), RGB(250, 0, 0)
            Case 3
                Picture1.Print " 画圆弧 "
                Picture1.Circle (5, 5), 3.5, RGB(0, 0, 250), -3.14 / 2, -3.14
            Case 4
                Picture1.Print " 画圆 "
                Picture1.Circle (5, 5), 3.5, RGB(50, 50, 150)
            Case Else
                End
        End Select
    End Sub
        Private Sub Form_Load()
        Picture1.Scale (0, 0)-(10, 10)
    End Sub
```

4）程序运行结果如图 5-9 所示。

可以通过选择菜单"运行"→"启动"命令运行程序，也可以单击工具栏的"启动"按钮来运行程序。

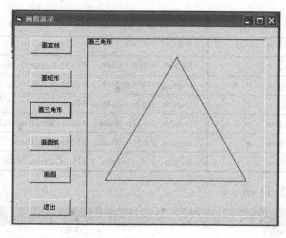

图 5-9 程序运行结果

## 任务五 数字排序

### 任务分析

使用冒泡法对数组元素进行排序，结果如图 5-10 所示。

技能要点提示：

1）添加标签、文本框、按钮控件。

2）正确设置控件的属性。窗体中各控件的属性设置见表5-3。

3）程序代码，如图5-11所示。

## 任务实施

1）打开 Visual Basic 6.0，选择菜单"文件"→"新建工程"命令新建1个工程。在窗体中添加标签、文本框和按钮控件，如图5-10所示。

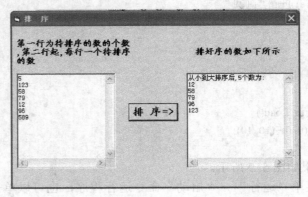

图5-10　排序最终结果

表5-3　各控件的属性设置

| 调整对象 | 控件类型 | 调整内容 |
| --- | --- | --- |
| 窗体 Form1 | Form | Height：4 980；Width：7 785；Caption：排序 |
| 提示 | Label | Caption：第一行为待排序的数的个数，第二行起，每行一个待排序的数 |
| 提示 | Label | Caption：排好序的数如下所示 |
| 排序前数据 | TextBox | Height：2 655；Width：2 655；ScrollBars：3；MultiLine：True |
| 排序后数据 | TextBox | Height：2 655；Width：2 655；ScrollBars：3；MultiLine：True |
| 连接 | Button | Height：495，Width：1 335；Caption：排序 => |

2）程序代码如图5-11所示。

图5-11　程序代码

代码片段：

```
Dim s, t As Long
Dim a, i, j, temp, n, sum As Long
Dim f(100) As Integer
t = InStr(1, Text1.Text, Chr(13))
n = Val(Mid(Text1.Text, 1, t − 1))
For i = 1 To n
    s = t + 2
    t = InStr(s, Text1.Text, Chr(13))
    f(i) = Val(Mid(Text1.Text, s, t − s))
Next
For i = 1 To n − 1
  For j = i + 1 To n
    If f(i) > f(j) Then
        temp = f(i): f(i) = f(j): f(j) = temp
    End If
  Next
Next
Text2.Text = " 从小到大排序后 ," & n & " 个数为 :"
For i = 1 To n
    Text2.Text = Text2.Text & Chr(13) & Chr(10) & f(i)
Next
```

3）程序运行结果，如图 5-10 所示。

可以通过选择菜单"运行"→"启动"命令运行程序，也可以单击工具栏的"启动"按钮来运行程序。

## 任务六　颜色游戏

### 任务分析

在窗体上建立 1 个标签控件数组，每个标签显示不同的颜色。当单击"一次添加 8 个"按钮时显示 8 个颜色框，当单击"单个添加"按钮时显示 1 个颜色框，结果分别如图 5-12 和图 5-13 所示。

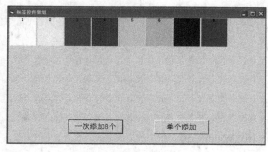

图 5-12　一次添加 8 个

任务实施

技能要点提示：

1）添加标签、按钮控件。

2）正确设置控件的属性。各控件的属性设置见表 5-4。

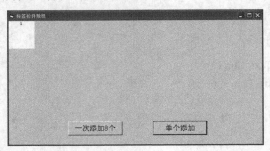

图 5-13　单个添加

表 5-4　各控件的属性设置

| 调整对象 | 控件类型 | 调整内容 |
| --- | --- | --- |
| 窗体 Form1 | Form | Height：5 970；Width：10 875；Caption：标签控件数组 |
| Label1 | Label | Label |
| 一次添加 8 个 | Button | Height：615；Width：2 295；Caption：一次添加 8 个 |
| 逐个添加 | Button | Height：615；Width：2 295；Caption：逐个添加 |

3）编写代码。

提示：Label1 的 index 属性设置为 0，进行 Label 控件数组的创建。

```
Private Sub Command1_Click()
    Dim i%, j%, k%
    Dim kjtop As Integer, kjleft As Integer
    kjtop = 20
    kjleft = 50
    For k = 1 To 8
    Load Label1(k)
    With Label1(k)
        .BackColor = QBColor(16 – k)
        .Top = kjtop
        .Left = kjleft
        .Alignment = 2
        .Caption = k
        .Visible = True
    End With
    kjleft = kjleft + Label1(0).Width + 50
    Next k
```

```
    End Sub

    Private Sub Command2_Click()
        Dim kjtop As Integer
        Static m As Integer
        m = m + 1
        kjtop = 20
        Load Label1(m)
        With Label1(k)
            .BackColor = QBColor(16 − m)
            .Top = kjtop
            .Left = kjleft
            .Alignment = 2
            .Caption = m
            .Visible = True
        End With
        kjleft = kjleft + Label1(0).Width + 50
    End Sub
```

## 模块小结

　　本模块主要介绍了固定数组和动态数组的创建、使用方法，并结合实例演示如何创建固定数组和动态数组。本章重点难点为如何正确声明和使用动态数组。动态数组在编程开发中的使用方法复杂，需要结合实例多进行分析和实践。

# 模块六 过 程

任务一 求多边形的面积

## 任务分析

已知多边形的各条边的长度，计算多边形的面积。

计算多边形面积，可将多边形分解成若干个三角形，如图 6-1 所示。计算三角形面积的公式见下式。

$$area = \sqrt{c(c-x)(c-y)(c-z)}$$

式中，$c = (x+y+z)/2$。

分析：计算三个三角形的面积，使用的公式相同，不同的仅仅是边长，因此首先定义一个求三角形面积的函数过程，然后像调用标准函数一样多次调用它。

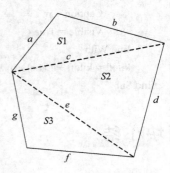

图 6-1 计算多边形面积

## 理论知识

在 Visual Basic 6.0 中，如果问题过于复杂，根据功能可以将程序分解为若干个小模块，这些小模块称为过程。若程序中有多处使用相同的代码段，也可以编写一个过程。在程序中的其他部分调用这个过程，而无须重新编写代码。使用过程具有以下优点：复杂任务分解成多个简单代码段；易于读写，具有较强的可读性和可维护性。

### 1. Sub 过程建立

过程分为公有（Public）过程和私有（Private）过程两种，公有过程可以被应用程序中的任一过程调用，而私有过程只能被同一模块中的过程调用。

（1）语法

[Private | Public] [Static] Sub 过程名 ([ 参数列表 ])

  [ 局部变量和常数声明 ]  ' 用 Dim 或 Static 声明

  语句块

  [Exit Sub]

  语句块

End Sub

注意:

1)未定义 Private 或 Public 时,系统默认为 Public。

2)Static 表示过程中的局部变量为"静态"变量。

3)过程名的命名规则与变量命名规则相同,在同一个模块中,同一符号名不得既用作 Sub 过程名又用作 Function 过程名。

4)参数列表中的参数称为形式参数,它可以是变量名或数组名,只能是简单变量,不能是常量、数组元素、表达式;若有多个参数时,各参数之间用逗号分隔,形参没有具体的值。VB 程序的过程可以没有参数,但一对圆括号不可以省略。不含参数的过程称为无参过程。

5)Sub 过程不能嵌套定义,但可以嵌套调用。

6)End Sub 标志该过程的结束,系统返回并调用该过程语句的下一条语句。

7)过程中可以用 Exit Sub 提前结束过程,并返回到调用该过程语句的下一条语句。

(2)建立 Sub 过程的方法

方法一:

1)打开代码编辑器窗口,如图 6-2 所示。

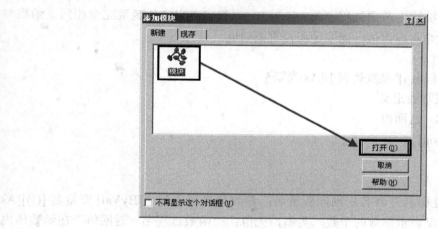

图 6-2　打开代码编辑器窗口

2)选择"工具"菜单中的"添加过程",如图 6-3 所示。

3)在对话框中输入过程名,并选择"类型"和"范围"。

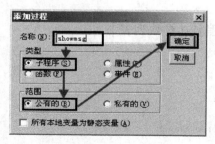

图 6-3　"添加过程"对话框

4)在新创建的过程中输入内容。

方法二：

1）在代码编辑器窗口的对象中选择"通用"，在文本编辑区输入 Private Sub 过程名。

2）按 <Enter> 键，即可创建一个 Sub 过程模板。

3）在新创建的过程中输入内容。

### 2．Sub 过程调用

（1）用 Call 语句调用 Sub 过程

语法：Call 过程名（实际参数表）

实际参数的个数、类型和顺序，应该与被调用过程的形式参数相匹配，有多个参数时用逗号分隔。

（2）把过程名作为一个语句来用

语法：过程名 [ 实参 1[, 实参 2……]]

它与（1）的不同点是去掉了关键字 Call 和实参列表的括号。

### 3．Function 过程建立

Function 过程又被称为函数过程，与 Visual Basic 程序语言内置函数完全相同。函数与子过程区别为，函数带有返回值，而子过程没有返回值。

语法：

Function 函数过程名 ([ 参数列表 ])[As 类型 ]

　　　局部变量或常数定义

　　　函数过程名＝返回值

　　　[Exit Function]

　　　语句块

End Function

说明："函数过程名"命名规则同变量名；参数列表形式为"[ByVal] 变量名 [( )][As 类型 ]"称为形参，仅表示参数的个数、类型，无值；"函数过程名＝返回值"在函数体内至少对函数名赋值一次；"[Exit Function]"表示退出函数过程。

### 4．Function 过程调用

函数过程的调用。

语法：变量名＝函数过程名 ([ 参数列表 ])

**任务实施**

定义函数过程 area：

```
Public Function area(x!, y!, z!) As Single
    Dim c!
    c = 1 / 2 * (x + y + z)
    area = Sqr(c * (c – x) * (c – y) * (c – z))
```

```
End Function
```

调用函数过程：

```
Sub command1_click()
    …      '输入若干个三角形边长
S1 = area(a,b,c)
S2 = area(c,d,e)
S3 = area(e,f,g)
Print S1+S2+S3
End Sub
```

# 任务二 两个数交换

## 任务分析

了解值传递与地址传递的区别。

## 理论知识

### 1. 值传递与地址传递

在调用过程时，一般主调过程与被调过程之间有数据传递，即主调过程的实参传递给被调过程的形参（虚参），完成实参与形参的结合，然后执行被调过程体。

在 VB 程序中，实参与形参的结合有两种方法：传址（ByRef）与传值（ByVal），其中传址又称为引用，是默认的方法。区分两种结合的方法是在要使用传值的形参前加有"ByVal"关键字。

按值传递参数（Passed By Value）时，是将实参变量的值复制一个到临时存储单元中，如果在调用过程中改变了形参的值，则不会影响实参变量本身，即实参变量保持调用前的值不变。

按地址传递参数时，把实参变量的地址传送给被调用过程，形参和实参共用内存的同一地址。在被调用过程中，形参的值一旦改变，相应实参的值也跟着改变。如果实参是一个常数或表达式，VB 程序会按"传值"方式来处理。

选用传值还是传址的使用规则如下。

1）形参是数组、自定义类型时只能用传址方式，若要将过程中的结果返回给主调程序，则形参必须是传址方式。这时实参必须是同类型的变量名，不能是常量或表达式。

2）形参不是 1）中的两种情况时一般应选用传值方式。这样可增加程序的可靠性和便于调试，减少各过程间的关联。

### 2. 形式参数与实际参数

形参：指出现在 Sub 和 Function 过程形参表中的变量名、数组名，过程被调用前没有分配内存,其作用是定义自变量的类型和形态以及在过程中的角色。形参可以是如下两种。

1)除定长字符串变量之外的合法变量名。

2)后面跟"()"括号的数组名。

实参:是在调用 Sub 和 Function 过程时传送给相应过程的变量名、数组名、常数或表达式。在过程调用传递参数时,形参与实参是按位置结合的,形参表和实参表中对应的变量名可以不必相同,但位置必须对应起来。

形参与实参的关系:形参如同公式中的符号,实参就是符号具体的值。调用过程,即实现形参与实参的结合,也就是把值代入公式进行计算。实参和形参的传递过程如图 6-4 所示。

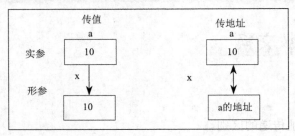

图 6-4　实参和形参的传递过程

**任务实施**

代码如下:

```
Sub Swap1(ByVal x%, ByVal y%)
    t% = x: x = y: y = t
End Sub
Sub Swap2(x%, y%)
    t% = x: x = y: y = t
End Sub
Private Sub Command1_Click()
    a% = 10: b% = 20
    Swap1 a, b        '传值
    Print"A1 = ";a,"B1 ="; b
    a = 10: b = 20
    Swap2 a, b        '传址
    Print "A2 = "; a, "B2 = "; b
End Sub
```

运行结果如图 6-5 所示。

| A1=10 | B1=20 |
|-------|-------|
| A2=20 | B2=10 |

图 6-5　运行结果

## 任务三 输入一个年份 y，输出该年 2 月份的天数

**任务分析**

设计 1 个函数 Leap，判断 y 年是否是闰年，若是就返回 1，否则就返回 0。在程序的各个部分中可以使用这个模块。

**任务实施**

1）打开 Visual Basic 6.0，选择菜单"文件"→"新建工程"新建 1 个工程。在窗体中添加标签、文本框和按钮控件，得到如图 6-6 所示的程序窗体。

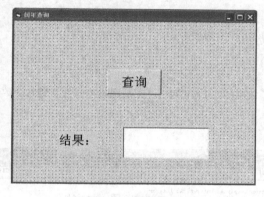

图 6-6　程序窗体

窗体中各控件的属性设置见表 6-1。

表 6-1　各控件的属性设置

| 调整对象 | 控件类型 | 调整内容 |
| --- | --- | --- |
| 窗体 | Form | Height：6195；Width：8235；Caption：闰年查询 |
| 按钮 | Command1 | Height：855；Width：1815；Caption：查询 |
| 标签 | Label | Height：735；Width：1315；Caption：结果 |

2）选择菜单"文件"→"保存工程"命令保存工程，如图 6-7 所示。

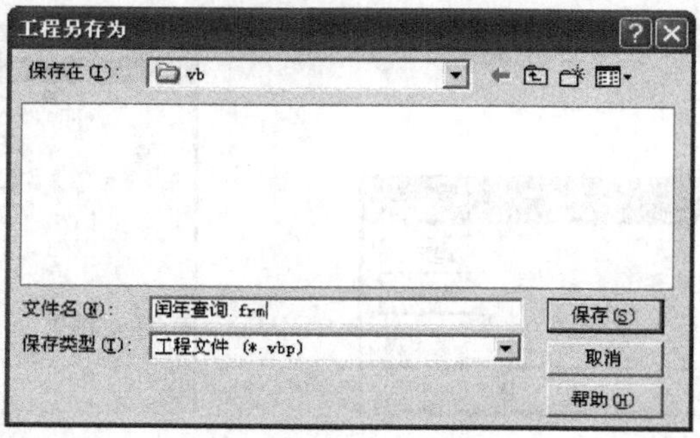

图 6-7　保存工程

3）程序代码如图 6-8 所示。

代码片段：

```
Function Leap(y As Integer) As Integer        '定义函数判断是否为闰年
    If y Mod 100 = 0 Then          'mod 是求余数运算符，例：8 mod 5 = 3
        If y Mod 400 = 0 Then Leap = 1 Else Leap = 0
        Else
        If y Mod 4 = 0 Then Leap = 1 Else Leap = 0
    End If
End Function
Private Sub Command1_Click()
    Dim y As Integer
    Dim n As String
    n = InputBox(" 请输入年份： ")
    y = Val(n)
    d2 = 28
    d2 = d2 + Leap(y)   ' 调用函数 Leap(y)，并把返回值 1 或者 0 送到函数的调用点
    Text1.Text = d2
End Sub
```

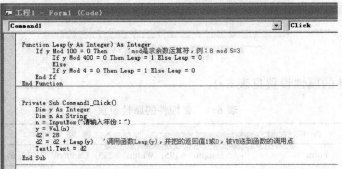

图 6-8　程序代码

4）弹出消息框如图 6-9 所示，程序运行结果如图 6-10 所示。

可以通过选择菜单"运行"→"启动"命令运行程序，也可以单击工具栏的"启动"按钮来运行程序。

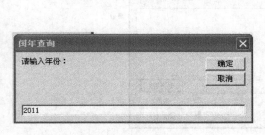

图 6-9　弹出消息框

图 6-10　程序运行结果

## 任务四　小游戏

### 任务分析

当鼠标单击窗体中的某一个按钮时，会出现不同的提示。将 MsgBox 消息框建成过程不断调用。

### 任务实施

1）打开 Visual Basic 6.0，选择菜单"文件"→"新建工程"新建 1 个工程。在窗体中添加按钮控件，得到如图 6-11 所示的程序窗体。

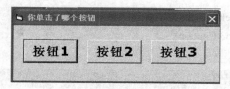

图 6-11　程序窗体

窗体中各控件的属性设置见表 6-2。

表 6-2　各控件的属性设置

| 调 整 对 象 | 控 件 类 型 | 调 整 内 容 |
| --- | --- | --- |
| 窗体 | Form | Height：1 920；Width：5 130；Caption：你单击哪个按钮 |
| 按钮 | Command1 | Height：615；Width：1 335；Caption：按钮 1 |
| 按钮 | Command2 | Height：615；Width：1 335；Caption：按钮 2 |
| 按钮 | Command3 | Height：615；Width：1 335；Caption：按钮 3 |

2）选择菜单"文件"→"保存工程"命令保存工程，如图 6-12 所示。

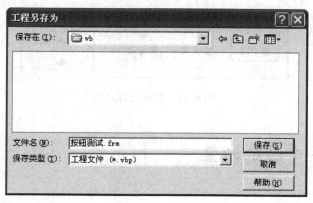

图 6-12　保存工程

3）程序代码如图 6-13 所示。

代码片段:

```
Sub writeout(name As String)
    MsgBox " 你单击了 " & name
End Sub
Private Sub Command1_Click()
    writeout Command1.Caption
End Sub

Private Sub Command2_Click()
    Call writeout(Command2.Caption)
End Sub

Private Sub Command3_Click()
    Call writeout(Command3.Caption)
End Sub
```

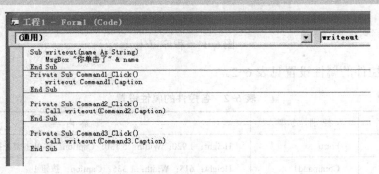

图 6-13　程序代码

4）程序运行结果如图 6-14 所示。

可以通过选择菜单"运行"→"启动"命令运行程序，也可以单击工具栏的"启动"按钮来运行程序。

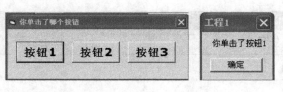

图 6-14　程序运行结果

# 任务五　求一个数的阶乘

## 任务分析

使用递归函数，依次调用自身，完成阶乘的计算。

**任务实施**

1）打开 Visual Basic 6.0，选择菜单"文件"→"新建工程"新建 1 个工程。在窗体中添加标签、文本框和按钮控件，得到如图 6-15 所示的程序窗体。

窗体中各控件的属性设置见表 6-3。

表 6-3 各控件的属性设置

| 调 整 对 象 | 控 件 类 型 | 调 整 内 容 |
| --- | --- | --- |
| 窗体 | Form | Height：2 490；Width：6 045；Caption：阶乘 |
| 按钮 | Command1 | Height：615；Width：1 455；Caption：计算 |
| 标签 | Label1 | Caption：需要输入的 n 值 |
| 标签 | Label2 | Caption：n 的阶乘的值 |
| 文本框 | Text1 | |
| 文本框 | Text2 | |

2）选择菜单"文件"→"保存工程"命令保存工程，如图 6-16 所示。

图 6-15 程序窗体

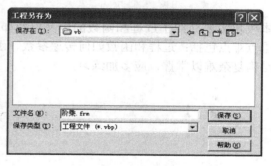

图 6-16 保存工程

3）程序代码如图 6-17 所示。

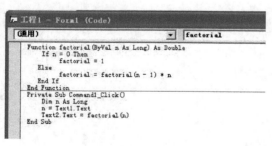

图 6-17 程序代码

代码片段：

```
Function factorial(ByVal n As Long) As Double
    If n = 0 Then
        factorial = 1
    Else
        factorial = factorial(n – 1) * n
```

```
        End If
    End Function
    Private Sub Command1_Click()
        Dim n As Long
        n = Text1.Text
        Text2.Text = factorial(n)
    End Sub
```

4）程序运行结果如图 6-18 所示。

可以通过选择菜单"运行"→"启动"命令运行程序，也可以单击工具栏的"启动"按钮来运行程序。

图 6-18　程序运行结果

## 模块小结

本模块主要介绍了过程和函数的定义以及如何根据应用程序的需要调用过程和函数。本章重点难点包括：过程和函数如何传递参数、函数如何返回值。其中，函数传递参数和返回值结构复杂难以掌握，应多加练习。

# 模块七 界面设计

## 任务一 多窗体程序设计

### 任务分析

打开主界面，单击主界面上的图标进入下一个窗体。添加窗体，修改窗体的属性，为窗体添加控件。

### 理论知识

前面我们了解了窗体及控件的基本属性及通过在窗体内拖放控件进行界面布局。对于一个应用程序而言，不会只有一个窗体界面，实际上，一个完整的 Windows 应用程序总会是多个窗体的有机结合，而每个窗体又都有自己的界面与程序代码，它们都是以独立的扩展名为 ".frm" 的文件保存在工程中。

多个窗体的创建方法，同前述创建窗体的方法相同，可利用"工程"菜单添加窗体，也可用工具栏"添加窗体"按钮添加窗体。

在多窗体应用程序中，由于多个窗体之间是并列关系，因此必须设置一个启动对象，即在程序运行过程中首先被打开的窗体。默认情况下，第一个创建的窗体被指定为启动对象。如果要先打开其他窗体，则应选择菜单"工程"→"属性"命令调出工程属性对话框进行设置。或者在"工程资源管理器"中单击鼠标右键，在弹出的快捷菜单中选择"属性"，在"工程属性"对话框中进行设置。

并列关系的多个窗体要想有机结合起来，必须通过调用、卸载语句或方法。常用的调用、卸载语句和方法如下。

（1）Load 语句

语法：Load FormName

功能：载入窗体。

说明：执行 Load 语句后，窗体并不显示，但可以引用窗体中的控件及各种属性。

（2）Show 方法

语法：FormName.show[ 模式 ]

功能：显示窗体。

说明：该方法兼有载入与显示两种功能，即窗体未被载入时先载入窗体再显示。[ 模式 ] 用来确定窗体的状态。其值的具体意义见表 7-1。

表 7-1　Show 方法

| 值 | 功　　能 |
|---|---|
| 0 | 非模式型。可以同时对其他窗体进行操作 |
| 1 | 模式型。无法同时对其他窗体进行操作，只有在关闭窗体后才能对其他窗体进行操作 |

（3）UnLoad 语句

语法：UnLoad FormName

功能：卸载窗体。

说明：该语句与 Load 语句的功能相反，它从内存中删除指定的窗体。

（4）Hide 方法

语法：FormName.Hide

功能：隐藏窗体。

说明：该方法用来将窗体暂时隐藏起来，但是并不从内存中删除。

如果设计的应用程序没有窗体，只有执行代码，就必须将代码放在 Sub Main() 过程，它可以替代启动窗体来完成一些初始化工作。

默认情况下，应用程序从设计的第一个窗体的 Load 过程开始；若希望程序从 Sub Main 过程开始，则需要通过工程属性窗口进行设置。

Sub Main 是在模块中定义的，如果 1 个程序中包含多个模块，则只能允许有 1 个 Sub Main 过程。

**任务实施**

1）新建工程，添加窗体，修改窗体的属性，见表 7-2。

表 7-2　窗体的属性

| 属 性 名 称 | 属 性 值 | 说　　明 |
|---|---|---|
| Name | mainfrm | 窗体名称 |
| Caption | 主界面 | 窗体标题 |
| Icon | （自定义） | 添加窗体图标 |
| MaxButton | False | 最大化按钮无效 |
| MinButton | False | 最小化按钮无效 |
| Picture | （自定义） | 窗体的背景图片 |
| StartUpPosition | 1 | 显示时窗口在所有者中心 |

2）为窗体添加控件。

①为窗体添加标签控件，修改标签控件的属性，见表 7-3。

表 7-3　标签控件的属性

| 对 象 名 称 | 属 性 名 称 | 属 性 值 | 说　　明 |
|---|---|---|---|
| Label1 | Name | Label1 | 标签名称 |
| | Caption | 欢迎使用 ××× 管理系统 | 显示文本 |
| | Font | （自定义） | 自定义字体 |
| | ForeColor | &H000080FF& | 文本颜色 |

（续）

| 对象名称 | 属性名称 | 属性值 | 说　明 |
|---|---|---|---|
| Label2 | Name | Label2 | 标签名称 |
| | Caption | 版权所有：沈阳市信息工程学校 | 显示文本 |
| | Font | （自定义） | 自定义字体 |
| | ForeColor | &H000080FF& | 文本颜色 |

②为窗体添加命令按钮控件，修改按钮控件的属性，见表7-4。

**表7-4　按钮控件的属性**

| 属性名称 | 属性值 | 说　明 |
|---|---|---|
| Name | Command1 | 命令按钮名称 |
| Caption | | |
| Picture | （自定义） | 命令按钮的背景图片 |
| ToolTipText | 功能说明 | 鼠标移上时显示说明文字 |
| Icon | （自定义） | 添加窗体图标 |

用同样方法，再添加7个按钮控件，各控件的属性值参照表7-4，根据需要修改各控件的Picture属性，在窗体内排列，如图7-1所示。

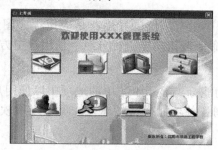

图7-1　在窗体内排列

③为命令按钮添加代码。双击"Command1"按钮，输入程序代码，如图7-2所示。

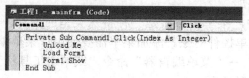

图7-2　程序代码

④添加窗体，修改窗体属性，窗体界面如图7-3所示。（关于菜单的制作放在本模块任务二中介绍，这里只要窗体存在就可以。）

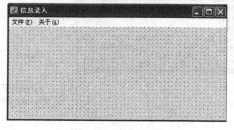

图7-3　窗体界面

窗体的属性设置见表 7-5。

表 7-5　窗体的属性

| 属 性 名 称 | 属 性 值 | 说　明 |
| --- | --- | --- |
| Name | Form1 | 设置窗体名称 |
| Caption | 信息录入 | 设置窗体标题 |
| Icon | （自定义） | 设置窗体标题图标 |

⑤ 设置启动窗体。打开"工程属性"窗口，在"启动对象"列表中选择"mainfrm"，运行调试。

## 任务二　菜单设计

### 任务分析

通过制作简单的文本编辑器菜单来进行菜单设计练习。

### 理论知识

菜单在 Windows 应用程序中有广泛的应用，是应用程序图形化界面中一个必不可少的组成元素，通过菜单对各种命令按钮功能进行分组，使用户更方便、直观地使用这些命令。

#### 1．菜单系统的功能

1）将应用程序的所有功能分类显示于菜单的选项中以便用户选择执行。

2）管理应用系统，控制各种功能模块的运行。每个应用软件的菜单几乎都涵盖了整个软件的所有功能。

#### 2．菜单分类

在 Visual Basic 6.0 窗体设计中，菜单分为下拉式菜单和弹出式菜单。

（1）下拉式菜单的添加

在 Visual Basic 6.0 中，菜单被看做是一种特殊类型的控件，即菜单控件。菜单中的每一个菜单项都是独立的菜单控件对象。添加菜单需要使用"菜单编辑器"。

1）选择菜单"工具"→"菜单编辑器"命令，或单击工具栏上的"菜单编辑器"按钮，均可调出"菜单编辑器"对话框。

2）菜单编辑器。

"菜单编辑器"对话框，如图 7-4 所示。

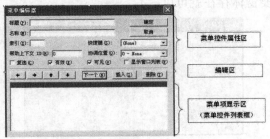

图 7-4　"菜单编辑器"对话框

① "菜单编辑器"的常用属性。

标题(P): Caption：　设置程序运行时显示在菜单上的文字。

名称(M): Name：　设置菜单项的控件名称，用于在代码中识别此控件。（此项必选）

□ 复选(C) Checked：　设置菜单项是否被选中。

☑ 有效(E) Enabled：　设置菜单项是否对事件作出响应。

☑ 可见(V) Visible：　设置菜单项是否可见。

② "菜单编辑器"编辑按钮的使用。

←　所选菜单项提升一个等级。

→　所选菜单项下降一个等级。

↑　将所选菜单项的位置上移。

↓　将所选菜单项的位置下移。

下一个(N)　将光标移动到下一行。若光标所在行无内容，则此键为添加菜单项。

插入(I)　在列表框的当前选定菜单项上方插入一行。

删除(T)　删除当前选中的菜单项。

（2）创建简单下拉式菜单

Visual Basic 6.0 菜单的基本结构：主菜单项和子菜单项。创建的简单下拉式菜单如图 7-5 所示。

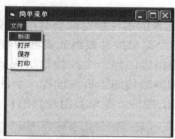

图 7-5　创建的简单下拉式菜单

（3）创建复杂下拉式菜单

通常应用程序菜单都很复杂，为了快速调用命令，可以给主菜单项添加"热键"，给子菜单项添加"快捷键"，为了使菜单项看起来清晰易懂，还要为子菜单项按分类添加分隔线。

复杂菜单常用属性如下。

1）标题(P): 文件(&F)　在主菜单项上的标题栏内添加 "& 字母"可以为主菜单项添加热键，菜单在运行时，通过按 <Alt+ 字母 > 组合键快速打开菜单。

2）快捷键(S): Ctrl+N ▼通常在子菜单项设置快捷键，快捷键组合是通过下拉列表选择的。

3）标题(P): －　分隔线的制作方法与子菜单项相同，只是标题处输入为 "－"号。不可设置热键或快捷键。

（4）菜单常用事件

在设计阶段设置属性时用菜单编辑器在菜单控件属性区中设置。在程序运行时则是通过代码实现的。

通过"菜单编辑器"也只是完成了菜单的外观设计，若要通过选择菜单项来实现某功能，就必须为每个菜单项编写代码。菜单控件只有一个 Click 事件，如图 7-6 所示。

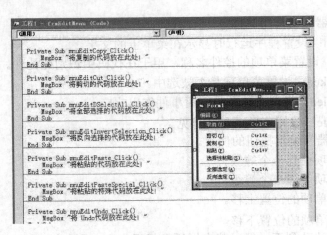

图 7-6　菜单控件的 Click 事件

（5）菜单数组

菜单控件数组就是在同一菜单上共享相同名称和事件过程的菜单控件的集合。菜单控件数组具有如下几个特点。

1）在运行时要创建一个新菜单项（动态创建菜单项）时，创建的新菜单项必须是菜单控件数组中的成员。

2）对菜单控件数组中任意元素的事件触发都会共用一段代码，有利于简化代码。

3）为了区分各菜单控件，每个菜单控件数组元素都由唯一的索引值来标志，该值在"菜单编辑器"上"索引"属性框中指定。当一个控件数组成员识别一个事件时，Visual Basic 6.0 将其 Index 值作为一个附加的参数传递给事件过程。事件代码编写中必须包含判断 Index 值的代码，用于判断正在被使用的控件。菜单数组控件的代码如图 7-7 所示。

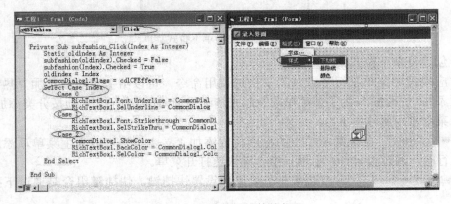

图 7-7　菜单数组控件的代码

4）需要注意的是菜单控件必须是连续的，如果中间有分隔线，也必须将分隔线设置为数组成员。Index 值是从 0 开始的，每个菜单数组成员都有唯一一个 Index 值与之相对应，且 Index 值必须按顺序排列，不可跳过或颠倒顺序，否则会出错。

（6）弹出菜单

弹出菜单是独立于菜单栏的浮动菜单，其在窗体上的显示位置由右键单击鼠标时鼠标指针的位置决定。

1）弹出式菜单的外观创建。

弹出式菜单也是通过"菜单编辑器"来设计的。设计外观的方法与下拉式菜单相同。在调用菜单时，调用的是主菜单控件，所以创建弹出式菜单，菜单必须有下层子菜单才行，也就是说至少需要两层菜单。

通常情况下弹出式菜单是隐藏的，在单击鼠标右键时弹出，因此不需要在"菜单编辑器"窗口中将弹出式菜单的主菜单项的"可见"复选框选中，或者直接在代码编辑器中将其 Visible 属性设置为 False。若希望弹出菜单也同时出现在下拉菜单里，则选中"可见"复选框或在代码编辑中将 Visible 属性设置为 True。

2）弹出式菜单的调用。

弹出式菜单通常由 MouseDown 事件调用显示。若要根据鼠标动作来判定是否响应则需要首先通过判断语句判断鼠标单击动作，然后在 MouseDown 事件中使用 PopupMenu 方法。

① PopupMenu 方法，用来显示弹出菜单。

② PopupMenu 方法的语法格式为：

[ 对象 .]PopupMenu menuName [, Flags, x, y, boldcommand]

➤ 菜单名为必选项，其他参数为可选项。

➤ x，y 参数指定弹出式菜单的显示位置。省略时，弹出菜单出现在鼠标所在位置上。

➤ boldcommand 参数指定菜单中以粗体显示的菜单项的名称。菜单中只能有一个粗体显示菜单项。

➤ Flags 参数决定菜单的显示位置及响应鼠标操作的行为。Flags 参数位置设置见表 7-6，Flags 参数行为设置见表 7-7。

表 7-6　Flags 参数位置设置

| 常　量 | 值 | 说　明 |
| --- | --- | --- |
| VbPopupMenuLeftAlign | 0 | 菜单的左上角定位于 x 处（默认设置） |
| VbPopupMenuCenterAlign | 4 | 菜单的中心点定位于 x 处 |
| VbPopupMenuRightAlign | 8 | 菜单的右上角定位于 x 处 |
| VbPopupMenuLeftButton | 0 | 单击鼠标左键响应单击事件（默认设置） |
| VbPopupMenuRightButton | 2 | 单击鼠标左、右键均响应单击事件 |

表 7-7　Flags 参数行为设置

| 常　量 | 值 | 说　明 |
| --- | --- | --- |
| VbPopupMenuLeftButton | 0 | 单击鼠标左键响应单击事件（默认设置） |
| VbPopupMenuRightButton | 2 | 单击鼠标左、右键均响应单击事件 |

3）弹出式菜单的创建技巧。

① 若 Flags 参数同时指定位置和行为，则两者的数值可以相加。例如：

```
PopupMenu MenuName, 10
```

其中，MenuName 为调用的弹出菜单主菜单项名称，10 即 8+2，表示菜单的右上角定位于 x 处并且单击鼠标左、右键均响应单击事件。

② 若只想鼠标右键触发事件，则必须编写代码来判断。例如：

```
If Button = 2 Then PopupMenu MenuName, 10
```

**任务实施**

1）新建工程，添加新窗体，窗体的属性设置见表7-8。

表7-8　窗体的属性设置

| 属　　性 | 值 | 说　　明 |
| --- | --- | --- |
| Caption | 录入窗口 | 窗体标题栏显示的标题 |
| Name | Frm1 | 窗体名称 |
| Icon | （自定义） | 窗体标题栏显示的图标 |

2）创建窗体下拉式菜单。

打开菜单编辑器，按需要录入各菜单项。录入的菜单项如图7-8所示。

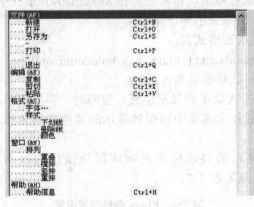

图7-8　录入的菜单项

各菜单控件的属性设置见表7-9。

表7-9　各菜单控件的属性设置

| 标　　题 | 名　　称 | 索　引 | 快　捷　键 | 有　　效 | 可　　见 | 显示列表 |
| --- | --- | --- | --- | --- | --- | --- |
| 文件（&F） | mnuFile | | | √ | √ | |
| 新建 | mnuNew | | Ctrl+N | √ | √ | |
| 打开 | mnuOpen | | Ctrl+O | √ | √ | |
| 另存为 | mnuSave | | Ctrl+S | √ | √ | |
| — | mnuLine | | | √ | √ | |
| 打印 | mnuPrint | | Ctrl+P | √ | √ | |
| — | mnuLine1 | | | √ | √ | |
| 退出 | mnuExit | | Ctrl+Q | √ | √ | |
| 编辑（&E） | mnuEdit | | | √ | √ | |
| 复制 | mnuCopy | | Ctrl+C | √ | √ | |
| 剪切 | mnuCut | | Ctrl+X | √ | √ | |
| 粘贴 | mnuPaste | | Ctrl+V | √ | √ | |
| 格式（&S） | mnuStyle | | | √ | √ | |
| 字体… | mnuFont | | | √ | √ | |
| 样式 | mnuFashion | | | √ | √ | |

（续）

| 标 题 | 名 称 | 索 引 | 快 捷 键 | 有 效 | 可 见 | 显 示 列 表 |
|---|---|---|---|---|---|---|
| 下划线 | subFashion | 0 | | √ | √ | |
| 删除线 | subFashion | 1 | | √ | √ | |
| 颜色 | subFashion | 2 | | √ | √ | |
| 窗口（&W） | mnuWindows | | | √ | √ | √ |
| 排列 | mnuArray | | | √ | √ | |
| 重叠 | subArray | 0 | | √ | √ | |
| 横排 | subArray | 1 | | √ | √ | |
| 竖排 | subArray | 2 | | √ | √ | |
| 重排 | subArray | 3 | | √ | √ | |
| 帮助（&H） | mnuHelp | | | √ | √ | |
| 帮助信息 | helpImformation | | Ctrl+H | √ | √ | |

这里要说明的是选中"显示窗口列表"复选框，在多文档应用程序的菜单列表中包含已打开的各个文档的列表。选择"显示窗口列表"后的效果如图7-9所示。

图7-9 选择"显示窗口列表"后的效果

3）创建窗体弹出式菜单。

打开菜单编辑器，在已有菜单项之后继续添加其他快捷菜单项，如图7-10所示。

图7-10 添加其他快捷菜单项

快捷菜单控件属性设置见表7-10。

表7-10 快捷菜单控件属性

| 标 题 | 名 称 | 索 引 | 有 效 | 可 见 |
|---|---|---|---|---|
| 快捷菜单 | popupMnu | | √ | |
| 复制 | popupSubMnu | 0 | √ | √ |
| 剪切 | popupSubMnu | 1 | √ | √ |
| 粘贴 | popupSubMnu | 2 | √ | √ |
| — | popupSubMnu | 3 | √ | √ |
| 下划线 | popupSubMnu | 4 | √ | √ |
| 删除线 | popupSubMnu | 5 | √ | √ |

4）为弹出菜单编写程序代码，如图 7-11 所示。

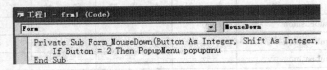

```
Private Sub Form_MouseDown(Button As Integer, Shift As Integer,
    If Button = 2 Then PopupMenu popupmnu
End Sub
```

图 7-11　程序代码

## 任务三　多文档窗体 MDI

### 任务分析

掌握多文档窗体 MDI。

### 理论知识

与多窗体界面不同，多文档界面是一个容器窗体，它就像是整个应用系统的背景界面，是父窗体。而其内所有的窗体都是它的子窗体，子窗体随父窗体的移动而移动，随父窗体的缩放而缩放，子窗体不会跑到父窗体的外边去。

目前，很多大型的 Windows 应用程序都是多文档界面（MDI），如 Office 系列、Photoshop，甚至 Visual Basic 6.0 等。

MDI 窗体的特点如下。

1）一个应用系统只能有一个 MDI 窗体（父窗体）。

2）父窗体内可加载多个子窗体，父窗体被最小化到 Windows 任务栏上时，只显示一个父窗体图标，父窗体还原时，所有子窗体按照之前的布局还原。

3）子窗体最小化时，其图标显示在父窗体中，而不是在任务栏上。

4）父窗体和子窗体都可以有自己的菜单，如图 7-12 所示。

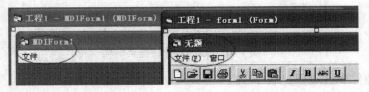

图 7-12　子窗体菜单与父窗体菜单

程序运行后子窗体菜单代替了父窗体菜单，这一点一定要注意，如图 7-13 所示。

图 7-13　程序运行后子窗体菜单代替了父窗体菜单

5) MDI 父窗体是个特殊的窗体，在其上可以设计菜单，也可以放置工具栏。但其他的大部分控件都不能直接放置在 MDI 窗体上，只有具有 Align 属性（如 PictureBox 控件）或具有不可见界面的控件（如 Timer 控件）才能出现在 MDI 窗体上，否则就出错。

6) 当 MDI 子窗体的边框大小可变（即 BorderStyle = 2）时，它的初始大小及显示位置由父窗体大小决定，与在设计时的子窗体大小无关；而当 MDI 子窗体的边框大小不可改变（即 BorderStyle = 0/1/3）时，则该子窗体的大小由设计时的 Width 和 Height 两个属性决定。

**任务实施**

1) 利用菜单创建 MDI 窗体。选择菜单"工程"→"添加 MDI 窗体"命令，弹出对话框，单击"打开"按钮。

2) 在弹出的对话框中，即可以新建 1 个 MDI 窗体。还可将现存的 MDI 窗体添加到工程中（注意 1 个工程中只能有 1 个 MDI 窗体）。添加现存的 MDI 窗体，如图 7-14 所示。

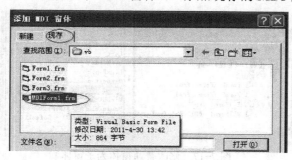

图 7-14　添加现存的 MDI 窗体

3) 利用工程资源管理器创建 MDI 窗体。在工程资源管理器窗口单击鼠标右键，选择菜单"添加"→"添加窗体"命令，如图 7-15 所示。

图 7-15　利用工程资源管理器创建 MDI 窗体

4) 利用工具栏上的添加窗体按钮添加 MDI 窗体。单击工具栏上 右侧的黑三角按钮，在弹出的菜单中选择"添加 MDI 窗体"命令，如图 7-16 所示。

图 7-16　利用添加窗体按钮添加 MDI 窗体

## 任务四　创建子窗体

### 任务分析

很多时候，我们不可能预知使用者究竟要开几个子窗口，所以最实用的方式是在使用者有需要时由程序自动创建新的子窗体。

为窗体动态添加子窗体及子窗体排列效果。

### 理论知识

当 MDI 父窗体创建完成后，即可创建它的子窗体。实际上子窗体就是将普通窗体的 MDIChild 属性设置为 True。即，当普通窗体的 MDIChild = True 时为子窗体。子窗体的设计过程与普通窗体一样，可以添加各种控件、设置属性和编写事件代码等。修改普通窗体为子窗体，如图 7-17 所示。

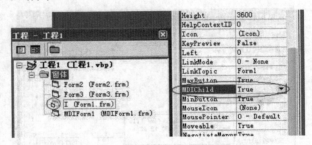

图 7-17　修改普通窗体为子窗体

MDI 窗体的常用属性和方法如下。

（1）AutoShowChildren 属性

除了具有普通窗体的一般属性外，MDI 窗体还拥有 AutoShowChildren 属性，该属性决定是否自动显示子窗体。

MDI 窗体的 AutoShowChildren 属性设置见表 7-11。

表 7-11　MDI 窗体的 AutoShowChildren 属性设置

| 属 性 名 称 | 属 性 值 | 说　　明 |
| --- | --- | --- |
| AutoShowChildren | True | 当子窗体的属性改变后，MDI 窗体自动显示它的子窗体（默认选项） |
| | False | 当子窗体的属性改变后，MDI 窗体不自动显示它的子窗体。需使用 Show 方法显示子窗体 |

（2）Arrange 方法

多文档应用程序一般都有"窗口"菜单，在菜单上显示子窗口排列方式、目前打开的所有子窗口及当前编辑的文件状态。

Visual Basic 6.0 的 MDI 窗体也提供了这样一个排列子窗体的方法，即 Arrange 方法，其 Arrangement 参数设置见表 7-12。

语法为：

MDI 窗体名称 . Arrange arrangement

表 7-12  Arrangement 参数设置

| 常　量 | 值 | 说　明 |
|---|---|---|
| vbCascade | 0 | 重叠显示所有非最小化 MDI 子窗体 |
| vbTileHorizontal | 1 | 水平平铺显示所有非最小化 MDI 子窗体 |
| vbTileVertical | 2 | 垂直平铺显示所有非最小化 MDI 子窗体 |
| vbArrangeIcons | 3 | 使最小化子窗体图标在 MDI 窗体底部重新排列 |

**任务实施**

1）新建工程。

2）添加 MDI 窗体。

3）将窗体 Form1 设置为子窗体。修改 Form1 的 MDIChild 属性为 True，设置子窗体如图 7-18 所示。

4）为 MDI 窗体创建菜单，设置见表 7-13，效果如图 7-19 所示。

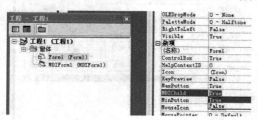

图 7-18　设置子窗体

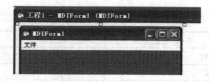

图 7-19　为 MDI 窗体创建菜单

表 7-13　菜单项设置

| 标　题 | 名　称 | 有　效 | 可　见 |
|---|---|---|---|
| 文件 | mnuFile | √ | √ |
| 新建 | mnuNew | √ | √ |

5）单击 MDIForm1 上的"文件"→"新建"，打开代码窗口，并在 Click() 事件中添加代码，如图 7-20 所示。

图 7-20　为 MDI 上的菜单项添加代码

```
Dim DocForm As New Form1      '创建新窗体，其名为 DocForm
DocForm.Show    '显示新创建的窗体
```

6）打开"工程属性"对话框，设置"启动对象"为 MDIForm1，如图 7-21 所示。

图 7-21　设置"启动对象"

7）打开 MDIForm1，打开"菜单编辑器"，在菜单项后继续添加"窗口"菜单项，如图 7-22 所示。菜单控件的属性设置见表 7-14。

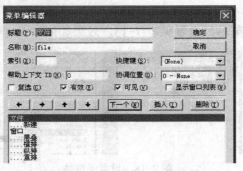

图 7-22　添加"窗口"菜单项

**表 7-14　菜单控件的属性设置**

| 标　　题 | 名　　称 | 有　　效 | 可　　见 |
| --- | --- | --- | --- |
| 窗口 | mnuW | √ | √ |
| 层叠 | mnuC | √ | √ |
| 横排 | mnuH | √ | √ |
| 纵排 | mnuV | √ | √ |
| 重排 | mnuArrIcons | √ | √ |

8）为窗口菜单项添加代码，如图 7-23 所示。

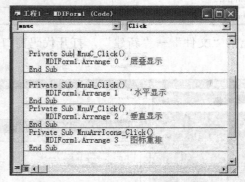

图 7-23　窗口菜单项添加代码

9）若想在"窗口"菜单中显示已打开的文件名，则需要在"菜单编辑器"中将"窗口"菜单项中的"显示窗口列表"复选框选中，如图 7-24 所示。

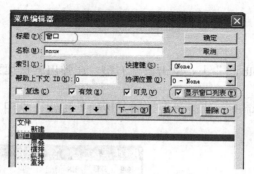

图 7-24　选中"显示窗口列表"复选框

## 任务五　工具栏和状态栏

### 任务分析

在窗体上添加了 Toolbar 控件后，在弹出的"工具栏向导"窗口单击"取消"按钮，然后制作工具栏。

### 理论知识

工具栏为用户提供最便捷的执行命令的方式，是 Windows 应用程序的标准功能之一。它将应用程序常用的菜单命令以按钮的方式呈现，使用户可以快速选择按钮，以执行相应的功能。

用户可以手工方式制作工具栏，在 Visual Basic 6.0 的专业版或企业版中，用户还可以利用系统提供的工具栏控件和图像列表控件创建出非常专业的工具栏。

状态栏是 Windows 应用程序的另一个标准功能，主要用来显示系统的日期或时间状态及光标的当前位置等一系列系统信息。利用 Visual Basic 6.0 提供的状态栏控件用户可以非常轻松地创建自己想要的状态栏。

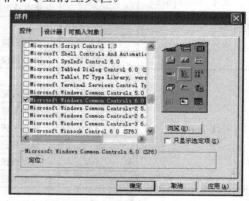

图 7-25　添加外部控件

Visual Basic 6.0 提供的 Toolbar 控件，就是用来设计工具栏和状态栏的。Toolbar 控件不是标准控件，须将 Toolbar 控件调入工具箱。方法为：选择菜单"工程"→"部件"→"控件"命令，再选中"Microsoft Windows Common Controls 6.0"复选框添加外部控件。如图 7-25 所示。

控件添加后，在工具箱下部将多出一组控件图标，其中就有"工具栏"控件和"状态栏"控件。

导入 Toolbar 控件后，双击此控件按钮以创建控件，此时控件会自动出现在窗体的上部。若窗体上已有菜单栏，则工具栏会固定在菜单下方。可以利用 Toolbar 控件添加不同类型的按钮，一般可分为文字按钮和图形按钮。

**任务实施**

1）移动鼠标在"Toolbar1"上，单击鼠标右键，在弹出的快捷菜单中选择"属性"命令，如图7-26所示。

2）选择"按钮"选项卡，然后单击"插入按钮"按钮，见图7-27。可以根据需要插入多个按钮。

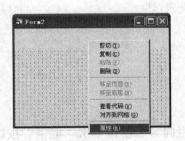

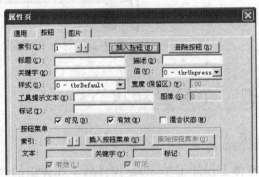

图7-26 打开"工具栏"控件属性页　　　图7-27 设置"工具栏"属性

工具栏属性页上的常用属性见表7-15。

表7-15 工具栏属性页上的常用属性

| 属 性 名 称 | 属 性 值 | 说 明 |
|---|---|---|
| 索引（Index） | 整数值 | 按钮的序号 |
| 标题（Caption） | 文本 | 按钮上显示的文字 |
| 图像（Image） | | 用于加载按钮上的图像 |
| 描述（Description） | 字符型 | 程序运行时，双击工具栏，可以调用"自定义工具"对话框。该对话框会显示出所有按钮的描述内容 |
| 值（Value） | | 返回或设置按钮的状态 |
| | 0 | 按钮未被按下，默认设置 |
| | 1 | 按钮被按下 |
| 样式（Style） | | 设置按钮的样式 |
| | 0 | 普通按钮 |
| | 1 | 开关按钮 |
| | 2 | 编组按钮 |
| | 3 | 分隔按钮 |
| | 4 | 占位按钮 |
| | 5 | 菜单按钮 |

3）插入3个按钮，修改工具栏属性，设置见表7-16。

表7-16 工具栏属性设置

| 索 引 | 标 题 | 值 | 样 式 | 说 明 |
|---|---|---|---|---|
| 1 | 粗体 | 0 | 1 | 创建第1个按钮，状态为未按下，开关按钮 |
| 2 | 斜体 | 0 | 1 | 创建第2个按钮，状态为未按下，开关按钮 |
| 3 | 颜色 | 0 | 5 | 创建第3个按钮，状态为未按下，菜单按钮 |

4）状态栏控件与工具栏控件同属于一个扩展名为".ocx"的文件，因此只要添加了工具栏控件，就可以在工具箱中找到状态栏控件。

①双击工具箱上的"状态栏"按钮，"状态栏"控件会自动出现在窗体下部，如图7-28所示。

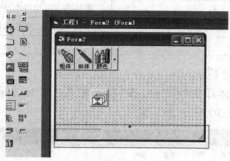

图7-28　"状态栏"控件

②在"状态栏"上单击鼠标右键，选择弹出菜单的"属性"命令。打开"状态栏"的属性页，选择"窗格"选项卡，如图7-29所示。状态栏的常用属性见表7-17。

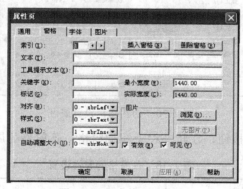

图7-29　"窗格"选项卡

表7-17　状态栏的常用属性

| 属 性 对 象 | 属 性 值 | 说　　明 |
|---|---|---|
| 索引（Index） | | 识别状态栏中不同的窗格 |
| 文本（Text） | | 用来在窗格中显示需要的信息 |
| 样式（Style） | 用来设置状态栏中显示信息的数据类型 | |
| | 0 | 文本和/或位图 |
| | 1 | 显示 Caps Lock 键状态 |
| | 2 | 显示 Num Lock 键状态 |
| | 3 | 显示 Insert 键状态 |
| | 4 | 显示 Scroll Lock 键状态 |
| | 5 | 以 System 格式显示当前时间 |
| | 6 | 以 System 格式显示当前日期 |
| 斜面（Bevel） | 用来设置状态栏中每个窗格的显示外观 | |
| | 0 | 显示平面样式 |
| | 1 | 显示凹进样式 |
| | 2 | 显示凸出样式 |

（续）

| 属 性 对 象 | 属 性 值 | 说　　　明 |
|---|---|---|
| 自动调整大小<br>（AutoSize） | 设置状态栏是否能够自动调整大小 | |
| | 0 | 窗格的宽度始终由 Width 属性指定 |
| | 1 | 多余空间时，各窗格均分 |
| | 2 | 窗格的宽度与其内容自动匹配 |

5）为窗体添加设置状态栏。

①打开已有窗体，为窗体添加状态栏。在"状态栏"上单击鼠标右键打开"状态栏"属性页，为状态栏设置属性，如图 7-30 所示。

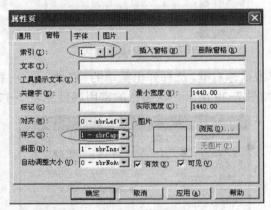

图 7-30　为状态栏设置属性

②单击"插入窗格"按钮，在状态栏上添加窗格，各窗格的属性设置见表 7-18。

表 7-18　各窗格的属性设置

| 索　　引 | 样　　式 | 说　　　明 |
|---|---|---|
| 1 | 1 | 显示 Caps Lock 键状态 |
| 2 | 2 | 显示 Num Lock 键状态 |
| 3 | 6 | 以 System 格式显示当前日期 |
| 4 | 5 | 以 System 格式显示当前时间 |

# 任务六　对话框

## 任务分析

一般程序都包含打开文件及保存文件功能，在 Visual Basic 6.0 中，通过"通用对话框"完成此项功能。

## 理论知识

对话框是用户和应用程序交互的主要途径，是应用程序界面设计中不可缺少的一环。

### 1. 对话框的分类

对话框分为 3 类。

1）预定义对话框：是系统定义的对话框，如前面已经介绍的输入框（InputBox 函数）和信息框（MsgBox 函数）均属于此类。

2）自定义对话框（定制对话框）：用户根据具体需要建立的对话框。

3）通用对话框：外部（ActiveX）控件。

### 2. 对话框的特点

1）对话框的边框大小是固定的，一般无最大化及最小化按钮。

2）退出对话框，必须单击其中的某个按钮。

3）对话框不是应用程序的主要工作区，其主要作用是与使用者交互信息。

4）对话框的属性可以在设计阶段设置，而有些属性必须在运行时设置。

5）作为对话框窗体的 ControlBox、MaxButton、MinButton 应分别设置为 False。

### 3. 自定义对话框

用户可以根据实际需要自行定义对话框。自定义对话框实际上就是在一个窗体上放置一些控件，以构成一个用来接受用户输入的界面。这里给出一个自定义对话框的实例。登录对话框如图 7-31 所示。

### 4. 通用对话框控件

在 Visual Basic 6.0 提供的众多的 ActiveX 控件中，有一个通用对话框（CommonDialog）控件，它提供了一组基于 Windows 的标准对话框界面。用户可以利用通用对话框（CommonDialog）控件在窗体上创建 6 种标准对话框，分别为"打开"、"另存为"、"颜色"、"字体"、"打印"和"帮助"对话框。

1）在 Visual Basic 6.0 工具箱空白处单击鼠标右键，在弹出的快捷菜单中选择"部件"。打开"部件"对话框，选中"Microsoft Common Dialog Control 6.0"复选框，单击"确定"按钮添加外部控件，如图 7-32 所示。

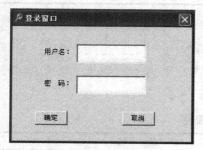

图 7-31　登录对话框

图 7-32　添加外部控件

2）现在通用对话框控件 📷 已经出现在工具箱下部了。

3）通用对话框的显示。CommonDialog 控件添加成功后，将其拖到窗体的任意位置，如图 7-33 所示。

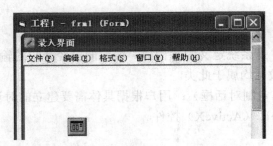

图 7-33  为窗体添加 CommonDialog 控件

因为此控件在运行过程中是不可见的，若要显示通用对话框，则必须调用它的 Show 方法。其语法如下：

CommonDialogName. 方法

或 CommonDialogName.Action = 1

添加代码后的代码窗口如图 7-34 所示。通用对话框的重要方法见表 7-19。

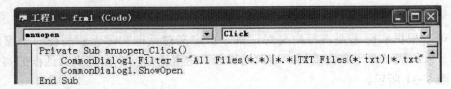

图 7-34  代码窗口

表 7-19  通用对话框的重要方法

| 方法 | Active 属性值 | 所显示的对话框 |
| --- | --- | --- |
| ShowOpen | 1 | 显示"打开"对话框 |
| ShowSave | 2 | 显示"另存为"对话框 |
| ShowColor | 3 | 显示"颜色"对话框 |
| ShowFont | 4 | 显示"字体"对话框 |
| ShowPrinter | 5 | 显示"打印"对话框 |
| ShowHelp | 6 | 显示"帮助"对话框 |

例如：显示"打开"对话框。

CommonDialog1.ShowOpen

CommonDialog1.action = 1

4）通用对话框的基本属性见表 7-20。

表 7-20  通用对话框的基本属性

| 属性名称 | 值 | 说明 |
| --- | --- | --- |
| Action | 1～6 | 设置显示通用对话框类型，详见表 7-19 |
| Dialog Title | | 设置通用对话框标题 |
| CancelError | True/False | 单击"取消"按钮时，是否产生错误信息 |
| Flags | | 根据所选对话框类型的不同有不同的选项设定 |

特别要说明的是 Flags 属性对显示"字体"对话框有特殊意义,在显示"字体"对话框之前必须设置该属性,否则将发生不存在字体的错误。该属性的取值及含义见表 7-21。

表 7-21　Flags 属性的取值及含义

| 常　量 | 值 | 说　明 |
| --- | --- | --- |
| cdlCFScreenFonts | &H1 | 显示屏幕字体 |
| cdlCFPrinterFonts | &H2 | 显示打印机字体 |
| cdlCFBoth | &H3 | 显示打印机字体和屏幕字体 |
| cdlCFEffects | &H100 | 在"字体"对话框显示删除线和下划线复选框以及颜色组合框 |

5）文件对话框。

文件对话框包括"打开文件"对话框和"保存文件"对话框。

①打开对话框。可通过如下 2 种方式显示"打开"对话框。

```
CommonDialog1.showopen
CommonDialog1.action = 1
```

②保存对话框。可通过如下 2 种方式显示"保存"对话框。

```
CommonDialog1.showsave
CommonDialog1.action = 2
```

③文件对话框的常用属性见表 7-22。

表 7-22　文件对话框的常用属性

| 属性名称 | 说　明 |
| --- | --- |
| DialogTitle | 用来设置对话框的标题 |
| FileName | 用来设置或返回要打开或保存的文件的路径及文件名 |
| FileTitle | 用来设置文件对话框中所选择的路径名 |
| Filter | 用来指定在对话框中显示的文件类型<br>格式: [ 窗体 .] 对话框名 .filter = 描述符 1| 过滤器 1| 描述符 2| 过滤器 2| 描述符 3| 过滤器 3…… |

6）其他对话框。

①颜色对话框。

可通过如下 2 种方式显示"颜色"对话框。

```
CommonDialog1.showcolor
CommonDialog1.action = 3
```

颜色对话框的常用属性见表 7-23。

表 7-23　颜色对话框的常用属性

| 属性名称 | 说　明 |
| --- | --- |
| Color | 用来设置前景颜色 |

②字体对话框,可通过如下 2 种方式显示"字体"对话框。

```
CommonDialog1.showfont
CommonDialog1.action = 4
```

字体对话框的常用属性见表 7-24。

表 7-24　字体对话框的常用属性

| 属 性 名 称 | 说　　　明 | 属 性 值 |
|---|---|---|
| FontBold | 设置是否文本粗体 | 逻辑型 |
| FontItalic | 设置是否文本斜体 | 逻辑型 |
| FontStrikethru | 设置是否文本有删除线 | 逻辑型 |
| FontUnderline | 设置是否文本有下划线 | 逻辑型 |
| FontName | 设置文本的字体 | |
| FontSize | 设置文本的字体大小 | |
| Color | 设置文本的颜色 | |

**任务实施**

1）新建工程，添加窗体，打开 Visual Basic 6.0 系统自带的"文件菜单"现存窗体，如图 7-35 所示。

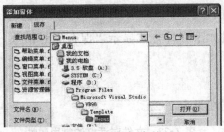

图 7-35　添加窗体

2）添加通用对话框控件。双击"工程管理器"中的 frmFileMenu 窗体将其打开。在工具箱空白处单击鼠标右键，在弹出的快捷菜单中选择"部件"，打开"部件"对话框，从选项列表中选中"Microsoft Common Dialog Controls 6.0"复选框。在工具箱中将通用对话框控件拖到窗体中的任意位置，如图 7-36 所示。

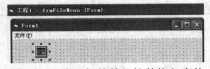

图 7-36　将添加的外部控件拖入窗体

3）单击"文件"→"打开"菜单，进入代码窗口，输入代码，如图 7-37 所示。

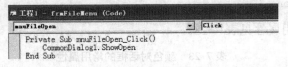

图 7-37　"打开"菜单的代码

4）使用同样的方法为"保存"菜单添加代码，如图 7-38 所示。

图 7-38　"保存"菜单的代码

5）打开"工程属性"对话框，将启动对象设置为"frmFileMenu"，运行调试。

6）若想指定在对话框中显示文件的类型，可以使用 CommonDialog1.Filter 属性加以限制，带文件类型选择的代码如图 7-39 所示。

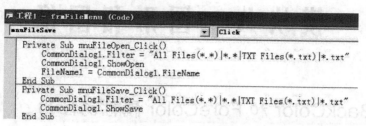

图 7-39　带文件类型选择的代码

## 拓展练习

根据本模块的学习内容，自行设计一个"文本编辑器"。可以仿"记事本"或"写字板"的形式。

## 模块小结

本模块主要讲解 Visual Basic 6.0 界面设计的基本方法，主要包括多窗体程序设计、菜单设计、多文档窗体 MDI 设计、工具栏和状态栏设计、对话框设计五大方面。

在多窗体程序设计一节中讲解了指定启动窗体、多重窗体的调用与卸载、Sub Main 过程及常用的多窗体程序设计技巧。在菜单设计一节中，主要讲解了下拉式菜单设计和弹出式菜单设计，并举例作详细说明。在多文档窗体和子窗体两节中讲述了创建 MDI 窗体和子窗体的方法及 MDI 窗体设计相关知识。在工具栏和状态栏一节中详细讲解了工具栏和状态栏的添加、设计等。在对话框一节中按对话框的分类从自定义对话框和通用对话框两个方面进行讲解，并对通用对话框的主要属性作详细说明。

# 模块八　图形和图像

## 任务一　BackColor 和 ForeColor 属性的应用

### 任务分析

窗体加载后，随机产生窗体的前景色和背景色的变化。

1）QBColor() 函数随机控制前景色和背景色。

2）用 Timer 控件控制随机数来实现效果。

3）自定义过程的调用。

### 理论知识

Visual Basic 6.0 向用户提供了许多操作图形的工具，同时也提供了功能强大的绘图方法。利用这些，用户能实现图形应用程序的设计。

Visual Basic 6.0 提供了直线（Line）控件、图形（Shape）控件、图像框（Image）控件和图片框（PictureBox）控件。用这些图形控件可以完成界面装饰、动画特技和科学曲线绘制等工作。除了图形控件之外，Visual Basic 6.0 还提供了创建图形的一些方法。适用于窗体和图片框的图形方法见表 8-1。

表 8-1　适用于窗体和图片框的图形方法

| 方　　法 | 说　　明 |
| --- | --- |
| Cls | 清除所有图形和 Print 输出 |
| PSet | 设置各个像素的颜色 |
| Point | 返回指定点的颜色 |
| Line | 画线、矩形或填充框 |
| Circle | 画圆、椭圆或圆弧 |
| PaintPicture | 在任意位置画出图形 |

### 1．直线控件和图形控件

本节将对直线控件和图形控件的使用方法进行介绍。

（1）直线控件

直线控件可以在窗体或其他容器中显示水平线、垂直线或者对角线。与其他控件一样，在工具箱中单击直线控件图标，将鼠标移动到窗体上，在所需位置开始拖动鼠标，拖动到合适处后释放鼠标，则在鼠标的拖动起点与终点之间就出现了一段直线。单击此直线可选中它，并且在直线的两端出现两个小方块。将鼠标指针移动到某个方块上，则指针变成一个十字形，此时拖动鼠标则可以更改该直线的长度与方向，也可以拖动鼠标来改变直线的位置。

直线控件主要用来设置直线的宽度、颜色以及线型等属性。直线控件的主要属性有 BorderStyle（边框风格）、BorderWidth（线宽）和 BorderColor（颜色）等。其中，BorderStyle（边框风格）属性的取值及相应的说明见表 8-2。

表8-2 BorderStyle 属性的取值及说明

| 设 置 值 | 说 明 |
| --- | --- |
| 0 | 透明 |
| 1 | （默认值）实线。边框处于形状边缘的中心 |
| 2 | 虚线 |
| 3 | 点线 |
| 4 | 点画线 |
| 5 | 双点画线 |
| 6 | 内收实线。边框的外边界就是形状的外边缘 |

需要注意的是只有直线的宽度取值为 1 即 BorderWidth = 1 时，BorderStyle 属性的 7 个取值才都有效，否则 BorderStyle 属性的取值只有 0 和 6 有效。例如，直线的宽度为 2 时，不能将其设置为虚线。各种线型的比较如图 8-1 所示，从上到下各直线控件的 BorderStyle 属性的值依次为 1～6。

图 8-1 各种线型的比较

（2）图形控件

使用图形控件可以方便地在窗体上绘制出矩形、正方形、圆、椭圆、圆角矩形和圆角正方形等 6 种基本几何图形。图形控件可以通过 Shape 属性来显示不同的形状，用 FillColor 属性为图形填充颜色，用 FillStyle 属性和 BorderStyle 属性改变图形的填充方式和外观。

Shape 属性是很重要的一个属性，该属性决定了图形控件所绘制图形的类型。其语法为：

[ 对象 ].Shape[ = Value]

Value 值用来指定控件外观的整数，其取值及含义见表 8-3。

表 8-3　Shape 属性的 Value 值及含义

| 设　置　值 | 说　　　明 | 设　置　值 | 说　　　明 |
|---|---|---|---|
| 0 | （默认值）矩形 | 3 | 圆形 |
| 1 | 正方形 | 4 | 圆角矩形 |
| 2 | 椭圆形 | 5 | 圆角正方形 |

通过设置不同的 Shape 属性的 Value 值来画出不同的图形，如图 8-2 所示。

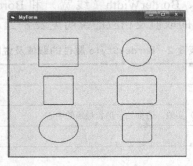

图 8-2　不同 Value 值画出不同的图形

完整代码如下：

```
Private Sub Form_Load()
    Dim i As Integer
    For i = 0 to 5
        Shape1(i).Shape = 1    ' 用形状数组来设置不同的形状
    Next i
End Sub
```

在默认情况下，使用图形控件绘制出的图形的背景是透明的，这是因为在默认情况下 BackStyle 属性的值为 0（透明），将该属性的值设置为 1 即可在 BackColor 属性中指定图形的背景颜色。

图形控件的另一个重要属性是 FillStyle 属性，该属性用来决定图形的填充样式，它的取值及含义见表 8-4。

表 8-4　FillStyle 属性的取值及含义

| 属　性　值 | 含　　义 | 属　性　值 | 含　　义 |
|---|---|---|---|
| 0 | 实心 | 4 | 向上对角线 |
| 1（默认值） | 透明 | 5 | 向下对角线 |
| 2 | 水平线 | 6 | 交叉线 |
| 3 | 垂直线 | 7 | 对角交叉线 |

如果图形的填充样式不是透明的，即 FillStyle 属性的值不为 1，则可以通过 FillColor 属性设置图形的填充颜色。

## 2. 常用绘图方法

Visual Basic 6.0 提供了多种绘图方法，用这些方法可以绘制出点、直线、圆、椭圆、弧形、扇形以及各种曲线。

（1）画点

画点是简单的图形操作，可以用 PSet 方法来设置指定点处像素的色彩，其语法为：

[ 对象 .]PSet(x,y)[,color]

x 和 y 参数是单精度参数，所以它们可以接受整数或分数的输入。如果没有包括 color 参数，PSet 将像素设置为前景色（ForeColor）。例如，下面的代码可以在当前窗体、图片框上设置各种点。

```
PSet(400.55,600.33)　'当前窗体
Picture1.PSet(500,800)　'图片框
```

如果使用 color 参数则可提供更多控制。例如，下面的代码可以在当前窗体上画一个亮蓝色的点。

```
PSet(500,750),RGB(0,0,255)　'设置 (500,750) 点为亮蓝色
```

（2）画直线

图形操作中最有趣的部分是画直线和形状。为了在两坐标点之间画一条直线，可以使用 Line 方法的简单形式，其语法如下。

[ 对象 .]Line[(x1,y1)] – (x2,y2) [,color]

其中，x 和 y 参数都既可以是整数，也可以是分数。例如，下面的代码可以在窗体上画一条斜线。

```
Private Sub Form_click()
    Line (700, 500)-(2000, 2500)
End Sub
```

Visual Basic 6.0 所画的直线包括第一个端点，而不包括最后一个端点，这使得画点到点的封闭曲线成为可能。画出最后一个端点，需要使用下面的语法：

[ 对象 .]PSet[Step](0,0),[color]

如果省略第一对可选坐标（x1，y1），程序将把当前位置作为端点，当前位置是由 CurrentX 和 CurrentY 属性指定的。在其他情况下，程序会用之前的绘图方法或 Print 方法所画最后点的位置作为端点。之前没有使用过绘图方法或 Print 方法或没有设置 CurrentX 和 CurrentY 属性的，默认位置为对象的左上角。例如，下面的代码从左上角画一条斜线。

```
Private Sub Form_click()
    Line –(2000, 2500)
End Sub
```

其中前面的 "–" 是不可以省略的。

（3）绘制圆，椭圆等

Circle 方法用于在对象上绘制圆、椭圆、扇形或圆弧。

语法为：

[ 对象 .]Circle[[Step](x,y)], 半径 [, 颜色 ][, 起始角 ][, 终止角 ][ 长短轴比率 ]

对象可以是窗体或图片框控件，其中各参数的含义如下。

Step：该参数是可选的，如果使用该参数，则表示圆心坐标（x，y）是相对当前点（CurrentX，CurrentY）的，而不是相对坐标原点的。

（x，y）：用于指定圆的圆心，也是可选的，如果省略则圆心为当前点（CurrentX，

CurrentY）。

半径：用于指定圆的半径，对于椭圆来讲该值是椭圆的长轴长度。

颜色：指定所绘制图形的颜色。

起始角、终止角：用来指定圆弧或扇形的起始角度与终止角度，单位为弧度。取值范围在 0 ~ 2π 时，绘制的如果是圆弧，在起始角与终止角取值前添加一个负号，则所绘制的是扇形，负号表示绘制圆心到圆弧的径向线。省略这两个参数，则所绘制的是圆或椭圆。

Visual Basic 6.0 规定，从起始角按逆时针方向绘制圆弧只到终止角处，水平向右方向为 0 度，且与坐标系统无关。

长短轴比率：当需要绘制椭圆时，可使用该参数指定椭圆长短轴的比率。若值大于 1，则所绘制的是竖立的椭圆；若值小于 1，则所绘制的是扁平的椭圆。该值的默认值为 1，即默认绘制的是圆。

利用 Circle 方法在窗体上绘制圆、椭圆、扇形和弧形的例子如图 8-3 所示。

图 8-3　在窗体上绘制圆、椭圆、扇形和弧形

完整代码如下：

```
Private Sub Form_Click()
    Scale (0, 50)–(150, 0)    '设置坐标系
    Circle (30, 30), 25    '绘制圆形
    Circle (60, 20), 25, , , , 5    '绘制椭圆形
    Circle (75, 15), 10, , –0.7, –2.1    '绘制扇形
    Circle (105, 15), 10, , –2.1, –0.7    '绘制带半径的圆弧
End Sub
```

### 3. 绘图属性

在对象（窗体或图片框）上绘制图形时，还需要设置对象的绘图属性以确定所绘制图形的特征，例如所画线的宽度以及图形的填充样式等。

（1）CurrentX 与 CurrentY

使用 Print 方法在窗体或图片框中显示文本时，文本总是出现在当前坐标处。在默认情况下，第一次使用 Print 方法输出的文本显示在窗体的左上角。通过 CurrentX 与 CurxentY 属性可以指定当前坐标，但这两个属性在设计时不可用。

```
Private Sub Form_click()
    Scale (0, 200)–(200, 0)    '自定义坐标系统
    For i = 20 To 180 Step 30
        CurrentX = i    '指定当前坐标
```

```
        CurrentY = i
        Print " 信息工程学校 "
    Next
End Sub
```

使用 CurrentX 与 CurrentY 属性时，文本在窗体上的显示效果如图 8-4 所示，如果在代码中不使用 CurrentX 与 CurrentY 属性指定当前坐标，则窗体上文本的显示效果如图 8-5 所示。

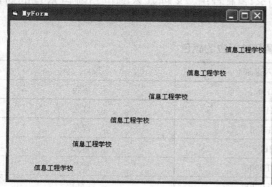
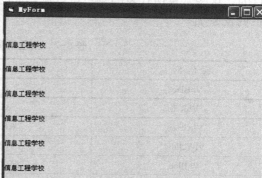

　　图 8-4　使用 CurrentX 与 CurrentY 属性　　　　图 8-5　不使用 CurrentX 与 CurrentY 属性

（2）AutoRedraw 属性

如果 AutoRedraw 属性的值为 True，则所绘制的图形是持久的。即当窗体被隐藏到其他窗口之后或调整了大小，使用 Print 方法显示的文本或使用图形方法绘制的图形都将重新显示。

如果 AutoRedraw 属性的值为 False，则所绘制的图形是临时的。当窗体被隐藏到其他窗口之后或调整了大小，窗体上的文本或图形将被掩盖掉。AutoRedraw 属性的默认值为 False，在使用 Print 方法或图形方法时，最好将该属性的值设置为 True。

（3）窗体与图片框控件的其他绘图属性见表 8-5，DrawStyle 属性的取值及其对应的线型见表 8-6。

表 8-5　窗体与图片框控件的其他绘图属性

| 属　　性 | 含　　义 |
| --- | --- |
| DrawWidth | 用来设置对象上所画线的宽度或点的大小，以像素为单位，最小值为 1 |
| DrawStyle | 用来设置对象上所画线的线型，表 8-6 列出了 DrawStyle 的取值及对应线型 |
| FillStyle | 用来设置对象上所画图形的填充样式 |
| FillColor | 用来设置对象上所画图形的填充颜色 |

表 8-6　DrawStyle 属性的取值及其对应的线型

| 属　性　值 | 线　　型 | 属　性　值 | 线　　型 |
| --- | --- | --- | --- |
| 0（默认值） | 实线 | 4 | 双点画线 |
| 1 | 虚线 | 5 | 透明 |
| 2 | 点线 | 6 | 内实线 |
| 3 | 点画线 | | |

### 4. 使用颜色

在 Visual Basic 6.0 中，颜色是以十六进制数表示的。以十六进制数来设置颜色既不方便也不直观，一般用户很难看出颜色与十六进制数的对应关系。为此，Visual Basic 6.0 提供了一些颜色常量和颜色函数，使用它们可以方便直观地设置出想要的颜色。

（1）颜色常量

如果程序中只需要使用 8 种基本颜色，则使用 Visual Basic 6.0 提供的颜色常量即可达到目的。这些常量所代表的颜色可以从它们的名字上看出。8 种基本颜色与颜色常量的对应关系见表 8-7。

表 8-7　颜色常量及其对应的颜色

| 颜 色 常 量 | 值（十六进制） | 颜　　色 |
|---|---|---|
| VbBlack | &H0 | 黑色 |
| VbRed | &HFF | 红色 |
| VbGreen | &HFF00 | 绿色 |
| VbYellow | &HFFFF | 黄色 |
| VbBlue | &HFF0000 | 蓝色 |
| VbMagenta | &HFF00FF | 洋红色 |
| VbCyan | &HFFFF00 | 青色 |
| VbWhite | &HFFFFFF | 白色 |

例如，要将窗体（名称为 MyForm）的背景色设置为红色，可以使用如下代码：

MyForm.BackColor = &HFF

也可以使用颜色常数来设置，代码如下：

MyForm.BackColor = VbRed

（2）QBColor 函数

使用 QBColor 函数可以设置 16 种颜色，语法如下：

QBColor(Color)

参数 Color 是一个 0 ～ 15 的整数，每个整数代表 1 种颜色，该参数的取值与对应的颜色见表 8-8。

表 8-8　Color 参数的取值与对应的颜色

| 值 | 颜　色 | 值 | 颜　色 |
|---|---|---|---|
| 0 | 黑色 | 8 | 灰色 |
| 1 | 蓝色 | 9 | 亮蓝色 |
| 2 | 绿色 | 10 | 亮绿色 |
| 3 | 青色 | 11 | 亮青色 |
| 4 | 红色 | 12 | 亮红色 |
| 5 | 洋红色 | 13 | 亮洋红色 |
| 6 | 黄色 | 14 | 亮黄色 |
| 7 | 白色 | 15 | 亮白色 |

例如，下面的代码也可以将窗体的背景色设置为红色。

MyForm.BackColor = QBColor(4)

（3）RGB 函数

使用颜色常量和 QBColor 函数只能指定一些基本的颜色，而使用 RGB 函数则可以指定几乎所有的颜色。RGB 函数是通过指定红（Red）、绿（Green）、蓝（Blue）三原色的值来定义颜色的，其语法为：

RGB（红，绿，蓝）

红、绿、蓝三原色的值均为 0 ～ 255 之间的整数，颜色值的不同组合将产生不同的颜色。从理论上讲，三原色混合可以产生 256×256×256 种颜色。基本颜色与对应的 RGB 函数见表 8-9。

表 8-9 基本颜色与对应的 RGB 函数

| 颜 色 | RGB 函数 | 颜 色 | RGB 函数 |
|---|---|---|---|
| 黑色 | RGB（0，0，0） | 青色 | RGB（0，255，255） |
| 蓝色 | RGB（0，0，255） | 洋红色 | RGB（255，0，255） |
| 绿色 | RGB（0，255，0） | 黄色 | RGB（255，255，0） |
| 红色 | RGB（255，0，0） | 白色 | RGB（255，255，255） |

例如，使用 RGB 函数设置窗体背景色为红色的代码如下。

MyForm.BackColor = RGB(255,0,0)

实际上，对于颜色的十六进制数，每两位一组代表一种原色的颜色值，最低两位为红色的值，其次是绿色和蓝色的值。例如，十六进制数 &HFF00FF 对应 RGB（255，0，255），表示的颜色为洋红色。

## 5. 图形的坐标系统

在 Visual Basic 6.0 中，控件放置在窗体或图片框等对象中，而窗体又放置在屏幕对象中，这些能够放置其他对象的对象称为容器，如窗体、图片框与屏幕都是容器。每个容器都有一个坐标系统，以便为对象的定位提供参考。容器坐标系统的默认设置是：容器的左上角为坐标的原点，横向向右为 X 轴的正方向，纵向向下为 Y 轴的正方向。

对象的 Left 和 Top 属性决定了该对象的左上角在容器内的坐标，Width 和 Height 属性决定了对象的大小，它们的单位总是与容器的度量单位相同。如果改变了容器的度量单位，则这 4 个属性的值都会发生相应的变化，以适应新的坐标系统，对象的实际大小与位置并不会改变。容器对象的 ScaleMode 属性决定坐标的度量单位。

很多时候使用默认的坐标系统有时很不方便，用户可以根据具体的需要重新定义容器的坐标系统。属性 ScaleWidth 和 ScaleHeight 的值分别用来设置容器坐标系 X 轴与 Y 轴的正方向及最大坐标值。X 轴的度量单位为容器当前宽度的 1/ScaleWidth、Y 轴的度量单位为对象当前宽度的 1/ScaleHeight。如果 ScaleWidth 的值小于 0，则 X 轴的正向向上；如果 ScaleHeight 的值小于 0，则 Y 轴的正向向上。属性 ScaleTop 与 ScaleLeft 的值用来设置容器左上角的坐标。自定义坐标系统最简单的方法是使用 Scale 方法，其语法如下：

[ 对象 ].Scale[(x1,y1)-(x2,y2)]

其中对象可以是窗体或图片框，参数（x1，y1）用来定义对象左上角的坐标值，参数（x2，y2）用来定义对象右下角的坐标值。

### 6. 图像框控件（Image）

图像框控件和图片框控件相似，都可用来显示应用程序中的图形，都支持相同的图形格式，且图形的加载方法也相同。它们的不同之处如下。

1）图片框控件可以作为其他控件的容器，可以使用 Print 方法在其中显示文本，而图像框控件不具有这些功能。

2）将图片加载到图片框控件中，图片框控件可以自动调整其大小以适应加载的图片。将图片加载到图像框控件中，图片则可以自动调整其大小以适应图像框控件的大小。

图像框控件的 Stretch 属性决定图片是否能自动调整其大小以适应图像框控件的大小。当 Stretch 属性的值为 True 时，则图片将自动调整其大小；当 Stretch 属性的值为 False 时，则图像框控件自动调整其大小以适应图片的大小。

**任务实施**

1）新建工程。

2）在窗体上放置 Timer 控件，如图 8-6 所示。

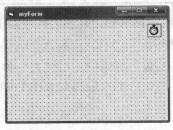

图 8-6    Timer 控件

3）双击窗体添加代码。

```
Private Sub Form_Load()
    Timer1.Interval = 500
End Sub
Private Sub Timer1_Timer()
    myForm.BackColor = QBColor(Rnd * 10): myForm.ForeColor = QBColor(Rnd * 10)
    ' 设置背景和前景颜色
    Call MyPaint    ' 调用自定义过程
End Sub
Private Sub MyPaint()
    Dim i, j, x, y
    Scale (-300,300)-(300,-300)
    Cls    ' 清除其他图形
    For i = 0 To 200 Step 20
        For j = 0 To 2 * 10 + 0.1 Step 10 / 16
            x = i * Cos(j) ^ 3    ' 设置 x 值
            y = i * Sin(j) ^ 3    ' 设置 y 值
            Line-(x, y)    ' 画线
```

```
            Next j
        Next
    End Sub
```

4）运行程序，最后的运行结果如图 8-7 所示。

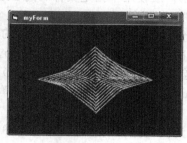

图 8-7　运行结果

5）保存工程。

# 任务二　使用图片框控件加载图片

## 任务分析

在该实例中，程序运行后，用户可以在图片框中显示图片，也可以删除图片框中的图片。在删除图片后，用户还可以恢复图片框中原有的图片。

1）图片框和按钮的设置。

2）加载和清空图片的方法。

## 理论知识

设计包含有图片的窗体的方法是：在窗体上要显示图片的位置放置一个图片框控件，然后将所要显示的图片加载到图片框控件中即可。

可以加载到图片框控件中的图形格式有以下几种。

位图（bitmap），文件扩展名为".bmp"。

图标（icon），文件扩展名为".ico"。

Windows 图元文件（Microsoft Office 的剪贴画使用的就是这个格式，是微软公司定义的一种 Windows 平台下的图形文件格式），文件扩展名为".wmf"。

JPEG 或 GIF 文件，文件扩展名分别为".jpg"和".gif"。

可以在程序设计阶段向图片框加载图片，也可以在程序运行阶段加载图片。为图片框加载图片的方法有如下 3 种。

1）在程序设计时，通过在"属性"窗口中设置 Picture 属性来加载图片，加载方法与为窗体加载背景图片的方法相同。

2）在程序设计时，利用剪贴板加载图片。例如，有时可能希望添加由 Windows 画图板创建的位图图像，可以直接把图像复制到剪贴板上，选定图片框或图像框控件，然后按<Ctrl+V>组合键或选择菜单"编辑"→"粘贴"命令即可。

3）在程序运行时，使用 LoadPicture() 函数加载图片。语法如下：

[ 图片框名 .]Pirture = LoadPicture( 文件名 )

注意：在程序运行时，不能直接将文件名赋予控件的 Picture 属性。

要清除图形框控件中的图形，应使用不指定文件名的 LoadPicture() 函数，代码如下：

```
Picture1.Picture = LoadPicture("")
```

在默认情况下，图片框控件的大小不随其中加载图片的大小而变化，并且图片框控件不提供滚动条。因此，如果加载的图片比图片框控件大，则超过的部分显示不出来（除".wmf"格式的文件外，该格式的文件会自动调整大小以填满图片框）。要使图片框控件自动调整大小以显示完整图片，应将其 AutoSize 属性设置为 True。这样，图片框控件将自动调整大小以适应加载的图片。

另外，图片框控件可以作为其他控件的容器，在分组单选项时，可以使用图片框控件替代框架控件。

与窗体一样，图片框控件也可以使用 Print 方法来输出文本，使用 Cls 方法清除文本。例如，下面的代码将在图片框 Pictures 中显示"在图片框中显示文本"几个字。

```
Picture1.Print " 在图片框中显示文本 "
```

## 任务实施

1）新建工程，保存为"MyPicture"，在窗体中放置 1 个图片框控件和 3 个按钮控件，如图 8-8 所示。

图 8-8　运行结果

其中各对象的属性设置见表 8-10。

表 8-10　各对象的属性设置

| 对　象 | 属　性 | 值 |
|---|---|---|
| 窗体 | Caption | Form1 |
| 图片框 | 名称 | Picture1 |
| 按钮 1 | 名称 | Command1 |
| | Caption | 显示 |
| | Font | 华文中宋，小四号 |
| 按钮 2 | 名称 | Command2 |
| | Caption | 删除 |
| | Font | 华文中宋，小四号 |
| 按钮 3 | 名称 | Command3 |
| | Caption | 恢复 |
| | Font | 华文中宋，小四号 |

2）在窗体上添加控件并更改属性。

3）双击"显示"按钮，打开"代码"窗口，将下列代码添加到 Command1_Click 事件过程中。

```
Private Sub Command1_Click()
    Picture1.Picture = LoadPicture("F:\ 图片素材 \ 人物图片 \3-011.jpg")
End Sub
```

4）双击"删除"按钮，将下列代码添加到 Command2_Click 事件过程中。

```
Private Sub Command2_Click()
    Picture1.Picture = LoadPicture("")
End Sub
```

5）双击"恢复"按钮，将下列代码添加到 Command3_Click 事件过程中。

```
Private Sub Command3_Click()
    Picture1.Picture = LoadPicture("F:\ 图片素材 \ 人物图片 \3-011.jpg")
End Sub
```

6）保存工程。

## 拓展练习

1）分别用图形控件和图形方法在窗体上画三角形。

2）在窗体上显示 6 种可以使用的形状，并选择不同的线型和填充图案。

3）用不同方法画 1 个空心矩形和 1 个实心矩形。

4）建立窗体的自定义坐标，利用 Line 方法在窗体上绘制 8 个矩形，分别利用 8 种 FillStyle 属性进行填充。

## 模块小结

学习完本模块以后应该掌握以下内容。

1）使用图形方法绘制各种图形，包括画直线、圆形、椭圆等。

2）会用图形控件的几个主要属性。

3）了解坐标系的基本概念。

4）在图形上使用颜色。

# 模块九　多　媒　体

## 任务一　设计 CD 播放器

### 任务分析

运行程序之后，将自动播放 CD 曲目，同时显示曲目总数和正在播放的是第几首曲目，效果如图 9-1 所示。

1）添加 MMControl 控件。

2）MMControl 控件命令的使用。

图 9-1　CD 播放器运行结果

### 理论知识

随着计算机技术、信息技术的发展，多媒体已经成为计算机应用所涉及的一个十分重要的领域，我们可以利用 Visual Basic 6.0 提供的各种控件来实现多媒体文件的播放。

### 1. MMControl 控件

MMControl 控件用于管理媒体控制接口（MCI）设备上多媒体文件的记录与回放。选择菜单"工程"→"部件"命令，在"部件"对话框中选中"Microsoft Multimedia Control 6.0"前的复选框，把 MMControl 控件添加到工具箱，如图 9-2 所示。

MMControl 控件添加完成后在工具箱中显示图标如图 9-3 所示。

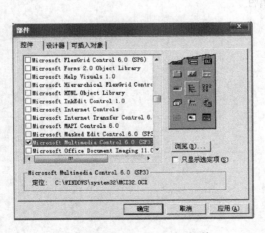

图 9-2　添加 MMControl 控件

图 9-3　工具箱中显示图标

## 2．属性的设置

1）DeviceType 属性：用于设置 MCI 设备的类型。

例如，设置 MMControl1 控件的设备类型为 AVI 视频文件的代码如下。

```
MMControl1.DeviceType = " AVIVideo"
```

2）FileName 属性：用于设置媒体设备要打开或保存的文件名。

例如，要打开 C 盘根目录下的"music.wav"文件的代码如下。

```
MMControl1.FileName = "C:\music.wav"
```

3）Command 属性：用于设置播放命令。用 DeviceType 属性设置好设备类型后，可用 Command 属性将 MCI 命令发送给设备。

## 3．设备类型

在播放多媒体文件之前必须指定多媒体设备类型。常见的多媒体设备类型有：AVI 动画（AVIVideo）、CD 音乐设备（CDAudio）、VCD 文件（DAT）、数字视频文件（DigitalVideo）、WAV 声音播放设备（WaveAudio）、MIDI 设备（Sequencer）和其他类型。

其语法为：

[ 对象 .]DeviceType = [ 设备类型 ]

例如，可以用以下代码来指定播放扩展名为".wav"文件。

```
MMContro11.DeviceType = "WaveAudio"
```

需要注意的是当 MMControl1.DeviceType = "" 时，播放设备为系统默认的设备。

## 4．指定文件名

指定使用"Open"命令打开或"Save"命令保存的文件名。如果在运行时要改变 FileName 属性，就必须先关闭然后再重新打开 MCI 控件。其语法为：

MMControl.FileName = [ 完整的文件路径及名称 ]

要设置控件所打开（播放）的多媒体文件名，可通过控件的 FileName 属性来指定。FileName 属性用于指定 Open 命令将要打开的或者 Save 命令将要保存的文件。FileName 属性的语法如下：

Object.FileName = [FilePath]

FilePath 参数取值为一个字符串表达式，其值用来指定将要打开或保存的文件。如果在运行时要改变 FileName 属性，就必须先关闭然后再重新打开 MultimediaMCI 控件。下面代码将指定控件对象 MMControl1 的播放 D 盘 text 目录下名为 001 的 mp3 文件，其代码如下：

```
MMControl1. FileName = " D:\text\001.mp3"
```

## 5．常用命令

多媒体控件 MMControl 有自己的命令语言，MMControl 控件的 Command 属性可以通过命令进行访问，例如"Play"命令与"播放"按钮相对应，Command 属性能访问的命令见表 9-1。

其语法为：

MMControl1.Command = " 命令名称 "

下面的代码将用来播放选中的媒体文件。

MMControl1.Command = "play"

表 9-1　Command 属性能访问的命令

| 命　令 | MCI 命令 | 说　明 |
|---|---|---|
| Open | MCI_OPEN | 打开 MCI 设备 |
| Close | MCI_CLOSE | 关闭 MCI 设备 |
| Play | MCI_PLAY | 用 MCI 设备进行播放 |
| Pause | MCI_PAUSE 或 MCI_RESUME | 暂停播放或录制 |
| Stop | MCI_STOP | 停止 MCI 设备 |
| Back | MCI_STEP | 向后步进可用的曲目 |
| Step | MCI_STEP | 向前步进可用的曲目 |
| Prev | MCI_SEEK | 使用 Seek 命令跳到当前曲目的起始位置 |
| Next | MCI_SEEK | 使用 Seek 命令跳到下一个曲目的起始位置 |
| Seek | MCI_SEEK | 向前或向后查找曲目 |
| Record | MCI_RECORD | 录制 MCI 设备的输入 |
| Eject | MCI_SET | 从 CD 驱动器中弹出音频 CD |
| Save | MCI_SAVE | 保存打开的文件 |

### 6. 控制按钮

MMControl 控件共有 9 个按钮，如图 9-4 所示。

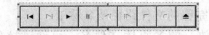

图 9-4　MMControl 控件示例

从左到右依次为：Prev（到起始点）、Next（到终点）、Play（播放）、Pause（暂停）、Back（向后步进）、Step（向前步进）、Stop（停止）、Record（录制）和 Eject（弹出）。这些按钮被用来向声卡、MIDI 序列发生器、CD-ROM 驱动器、视频 CD 播放器和视频磁带记录器及播放器等设备发出 MCI 命令。

要设置控件中的某个按钮是否可用 / 可见，可通过控件的 ButtonEnabled 属性和 ButtonVisible 属性来设置。ButtonEnabled 属性用于决定是否启用或禁用控件中的某个按钮。ButtonVisible 属性用于决定指定的按钮是否在控件中显示。ButtonEnabled 属性和 ButtonVisible 属性的语法如下：

Object. {Button}.Enabled[ = Boolean]

Object. {Button}.Visible[ = Boolean]

ButtonEnabled 属性、ButtonVisible 属性的语法说明如下。

Button：指定一个按钮，其值可以为 Prev、Next、Play、Pause、Back、Step、Stop、

Record 和 Eject。

Boolean：为一个布尔表达式，其值用来表示设置控件中的某个按钮是否可用 / 可见。其常用取值为 True 或 False。如果取值为 True，表示启用 / 显示 Button 所指定的按钮；如果取值为 False，表示禁用 / 不显示 Button 所指定的按钮，即这个按钮的功能在控件中是不可用 / 不可见的。ButtonEnabled 属性的默认值为 False，ButtonVisible 属性的默认值为 True。

将控件对象 MMControl1 中的"上一曲"按钮设为不可用、"下一曲"按钮设为不可见，代码如下。

```
MMControl1.{Prev}.Enabled = False    '上一曲按钮不可用
MMControl1.{Next}.Visible = False    '下一曲按钮不可见
```

**任务实施**

1）新建工程。

2）单击菜单"工程"→"部件"，在"部件"对话框中选中"Microsoft Multimedia Control 6.0"前的复选框，单击"确定"按钮，MMControl 控件将被添加到工具箱中。

3）在 Form1 窗体上放置 1 个 MMControl 控件、2 个 Label 标签控件和 7 个 Command 按钮控件。设置大小，窗体布局如图 9-5 所示，其中各对象的属性设置见表 9-2。

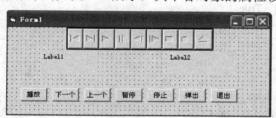

图 9-5　窗体布局

表 9-2　各对象的属性设置

| 对　象 | 属　性 | 值 |
| --- | --- | --- |
| 窗体 | Caption | Form1 |
| 按钮 1 | 名称 | cmdPlay |
| | Caption | 播放 |
| 按钮 2 | 名称 | cmdNext |
| | Caption | 下一个 |
| 按钮 3 | 名称 | cmdPrev |
| | Caption | 上一个 |
| 按钮 4 | 名称 | cmdPause |
| | Caption | 暂停 |
| 按钮 5 | 名称 | cmdStop |
| | Caption | 停止 |
| 按钮 6 | 名称 | cmdEject |
| | Caption | 弹出 |
| 按钮 7 | 名称 | cmdEnd |
| | Caption | 退出 |

4) 编写事件处理过程。

```
Private Sub cmdEnd_Click()
    MMControl1.Command = "stop"
    MMControl1.Command = "close"
End Sub

Private Sub cmdNext_Click()
    MMControl1.Command = "next"
End Sub

Private Sub cmdPause_Click()
    cmdPlay.Enabled = True
    MMControl1.Command = "pause"
    cmdPause.Enabled = False
End Sub

Private Sub cmdPlay_Click()
    MMControl1.Command = "play"
    cmdPause.Enabled = True
    cmdPlay.Enabled = False
    cmdStop.Enabled = True
End Sub

Private Sub cmdPrev_Click()
    MMControl1.Command = "prev"
End Sub

Private Sub cmdStop_Click()
    cmdPlay.Enabled = True
    MMControl1.Command = "stop"
    cmdStop.Enabled = False
End Sub

Private Sub cmdEject_Click()
    cmdPlay.Enabled = True
    MMControl1.Command = "stop"
    MMControl1.Command = "eject"
End Sub

Private Sub Form_Load()
    '初始化设备
    MMControl1.Visible = False
    MMControl1.Notify = True
    MMControl1.Shareable = False
```

```
    MMControl1.TimeFormat = 0
    MMControl1.DeviceType = "cdaudio"
    MMControl1.Command = "open"
    MMControl1.UpdateInterval = 1000
    Label1.Caption = " 曲目总数： " & MMControl1.Track        Label2.Caption = " 正在播放曲目：0"
End Sub

Private Sub MMControl1_StatusUpdate()
    Label1.Caption = " 曲目总数： " & MMControl1.Track
    Label2.Caption = " 正在播放曲目： " & Str$(MMControl1.Track)
End Sub
```

5）保存工程与窗体文件。

# 任务二　利用 Animation 控件播放无声动画

## 任务分析

窗体布局如图 9-6 所示，单击"play"按钮可以播放，单击"stop"按钮停止，单击"exit"按钮退出。

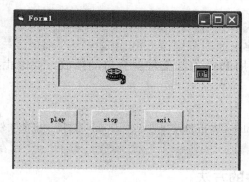

图 9-6　窗体布局

## 理论知识

### 1. Animation 控件

Visual Basic 6.0 专门提供了一个动画（Animation）控件，它可以用来播放 AVI 文件，但是该控件只能播放无声的 AVI 文件。如果要播放其他的动画如 Flash 动画，只能借助第三方控件。Animation 控件不是标准控件，要使用 Animation 控件必须要将它添加到控件工具箱中。添加控件的方法为选择菜单"工程"→"部件"命令，在出现的"部件"对话框中选中"Microsoft Windows Common Controls-2 6.0"前的复选框并单击"确定"按钮。这时候 Animation 控件就被添加到控件工具箱中，如图 9-7 所示。

Animation 控件添加完成后在工具箱中显示图标，如图 9-8 所示。

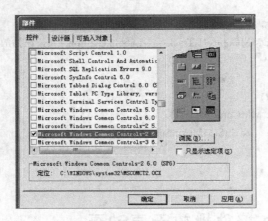 

图 9-7　添加 Animation 控件　　　　　　图 9-8　工具箱中显示图标

### 2．Animation 控件的属性

1）Center 属性：用于设置动画播放的位置。如将 Center 属性设为 True，则可确保播放的画面位于动画控件的中间位置。

2）AutoPlay 属性：用于设置已打开动画文件的自动播放。

例如：

```
Animation1.AutoPlay = True
Animation1.Open < 文件名 >
```

只需打开文件不需使用 Play 方法文件就会自动播放。要停止播放文件只需将 AutoPlay 属性设置为 False。

例如：

```
Animation1.AutoPlay = False    'AutoPlay 属性设置为 False 来停止播放文件
Animation1.Close
```

### 3．Animation 控件的方法

（1）Open 方法

语法：< 动画控件名 >.Open < 文件名 >

实现打开一个要播放的 AVI 文件。如果 AutoPlay 属性设置为 True，则只要打开该文件就开始播放。

（2）Play 方法

语法：< 动画控件名 >.Play [ = Repeat][, Start][,End]

实现在 Animation 控件中播放 AVI 文件。3 个可选参数的意义如下。

Repeat：用于设置重复播放次数，如果没有提供 Repeat 参数，文件将被连续播放。

Start：用于设置开始的帧。AVI 文件由若干幅可以连续播放的画面组成，每一幅画面称为 1 帧，第一幅画面为第 0 帧。Play 方法可以设置从指定的帧开始播放，如果没有提供

Start 参数，文件将从第 1 帧播放。

　　End：用于设置结束的帧。

　　例如，使用名为 Animation1 的动画控件把已打开文件的第 5 幅画面到第 10 幅画面重复 6 遍，可以使用以下代码。

```
Animation1.Play 6,5,10
```

（3）Stop 方法

语法：< 动画控件名 >.Stop

用于终止用 Play 方法播放 AVI 文件，但不能终止使用 AutoPlay 属性播放的动画。

（4）Close 方法

语法：< 动画控件名 >.Close

用于关闭当前打开的 AVI 文件。如果没有加载任何文件则 Close 不执行任何操作，也不会产生任何错误。

### 4. Animation 控件的使用

　　Animation 控件主要是用来播放动画文件的，它允许创建按钮，当单击它时即显示动画，如扩展名为 ".avi" 的文件。该控件只能播放无声的 AVI 文件。此外，动画控件只能显示未压缩的或已用行程编码（RLE）压缩的 AVI 文件。如果尝试加载含有声音数据或格式不为控件所支持的 AVI 文件，则会引发一个错误。

### 任务实施

　　1）新建工程。

　　2）在窗体上放置 Animation 控件，其名称属性改为"An_avi"；放置 CommonDialog 控件，其名称属性改为 "CD_avi"，放置 3 个按钮控件，其名称属性分别改为 "play"、"stop"、"exit"，具体如图 9-6 所示。

　　3）编写事件处理过程。

```
Private Sub play_Click()
    CD_avi.Filter = "avi 文件 (*.avi)| 所有文件 (*.*)"   ' 设置文件类型为 avi
    CD_avi.ShowOpen   ' 打开显示对话框
    An_avi.Open(CD_avi.FileName)   ' 打开一个要播放的 AVI 文件
    An_avi.Play   ' 用 Animation 控件播放动画
End Sub

Private Sub stop_Click()
    An_avi.Stop
End Sub

Private Sub exit_Click()
   Unload Me
End Sub
```

　　4）保存工程与窗体文件。

## 任务三　实现 MP3 文件的播放

### 任务分析

　　窗体布局如图 9-9 所示，单击"Play"按钮可以查找播放 MP3 音乐，单击"Stop"按钮停止播放。

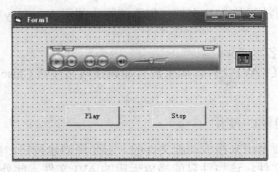

图 9-9　窗体布局

### 理论知识

　　Visual Basic 6.0 中还有一个控件：MediaPlayer。这个控件支持多种音乐格式，如 MP3、MIDI、WAV 等，可以通过 Run、Pause、Stop 方法来播放、暂停和停止该媒体文件。使用前选择菜单"工程"→"部件"命令，在"部件"对话框中选中"Windows Media Player"前的复选框，此时工具箱就会出现 MediaPlayer 控件。将此控件放置在应用程序的窗体中，然后通过属性窗口或程序代码指定一个多媒体文件，就可以通过代码对其进行播放控制了。如图 9-10 所示。

　　添加完 MediaPlayer 控件后工具箱中显示图标如图 9-11 所示。

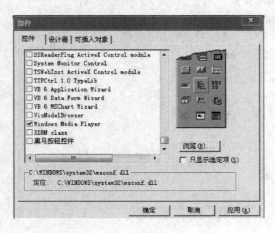

图 9-10　添加 MediaPlayer 控件　　　　　　　　　图 9-11　工具箱中显示图标

（1）播放音乐文件

```
WindowsMediaPlayer1.URL = VB.App.Path & "\music.mp3"
```

其中的"\music.mp3"是一个相对路径，表示当前目录下的文件，即工程所保存的位置。
（2）暂停播放音乐文件

```
WindowsMediaPlayer1.Controls.pause
```

（3）暂停播放之后继续播放音乐文件

```
WindowsMediaPlayer1.Controls.play
```

如果想实现音乐文件从头播放，只需要将播放音乐中代码再写一遍即可。
（4）停止播放的音乐文件（关闭播放器）

```
WindowsMediaPlayer1.Close
```

**注意**：WindowsMediaPlayer 控 件 是 调 用 本 机 的 WindowsMediaPlayer 播 放 器， 而 WindowsMediaPlayer 播放器默认支持的播放格式为 WMA 和 ASF，所以为了编写的程序的 通用性，音乐文件的格式最好选择 WMA 格式或者 ASF 格式的。

**任务实施**

1）新建工程。

2）在窗体上放置 1 个 MediaPlayer 控件、2 个按钮控件和 1 个公用对话框，将 2 个按钮 的名称属性分别改为"cmdPlay"和"cmdStop"。

3）具体代码如下。

```
Private Sub cmdPlay_Click()
    With CommonDialog1
        .InitDir = App.Path
        .Filter = "Midi Files(*.mid)|*.mid|MP3 Files(*.mp3)|*.mp3|Wave Files(*.wav)|*.wav|(*.m3u)|*.m3u"
        .FileName = ""
        .ShowOpen
    End With

    With WindowsMediaPlayer1
        .uiMode = "none"
        .URL = CommonDialog1.FileName
        .Controls.play
    End With
End Sub

Private Sub cmdStop_Click()
    WindowsMediaPlayer1.Controls.Stop
End Sub
```

4）运行工程，最后的运行结果如图 9-12 所示。

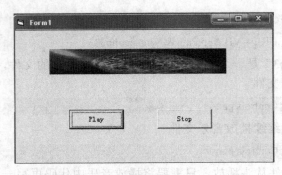

图 9-12 运行结果

5）保存工程。

## 拓展练习

1）MMControl 控件控制多媒体播放的命令有哪些？

2）MMControl 控件有哪些基本功能？

3）Animation 控件的常用方法有哪些？

## 模块小结

学完本模块应对多媒体有初步的了解。

1）熟练使用多媒体控件，包括 Animation 控件、MCI 控件和 MediaPlayer 控件。

2）理解 MCI 命令。

# 模块十 文 件

## 任务分析

设计文本浏览器，打开指定类型的文件，并将文本内容显示在 RichTextBox 控件中。使用 DriveListBox、DirListBox、FileListBox 和 RichTextBox 控件，实现打开指定类型的文件，并将文本内容显示出来。

## 理论知识

在 Visual Basic 6.0 应用程序开发中，文件目录操作是非常重要的内容。文件操作需要定位、复制、删除、重命名等操作。目录操作需要显示、改变、删除目录等操作。

文件是以一定的结构和形式存储到硬盘上的数据，可以在需要的时候读出。

文件是 Windows 操作系统的基本组成部分。文件操作在 Visual Basic 应用程序中起到很重要的作用，主要包括文件读写、文件定位、文件删除、文件复制、文件重命名等。下面介绍操作文件的具体方法。

### 1. 文件系统控件

Visual Basic 6.0 中提供了 3 个文件系统控件，它们分别是驱动器列表框（DriveListBox）控件、目录列表框（DirListBox）控件、文件列表框（FileListBox）控件，通过使用它们可以实现文件系统的操作。下面将对这 3 个文件系统控件进行介绍。

（1）驱动器列表框控件

用下拉式列表框显示计算机系统上的驱动器，包括软盘、硬盘、光盘和网络映射驱动器等。

常用属性如下。

1）Name 属性：设置驱动器列表框控件的名字，默认值为"Drive"。

2）Drive 属性：返回或设置运行时选择的驱动器。

语法：<驱动器列表框名>. Drive = " 驱动器名 "

如：Drive1.Drive = "C"，Drive1.Drive = "C:"，Drive1.Drive = "C:\" 均正确。

常用事件如下。

Change 事件：当用户选择新的驱动器时会触发该事件。

（2）目录列表框控件

用于显示当前驱动器的目录结构。

常用属性如下。

1）Name 属性：用于设置目录列表框控件的名字，默认值为"Dir1"。

2）Path 属性：用于返回或设置目录列表框中的当前目录，只能通过程序代码设置。

语法：< 目录列表框名 >.Path = " 路径名 "

例如：

Dir1.Path = "e:\vb\program\example9_1"    ' 将目录列表框中当前目录设为 "e:\vb\program\example9_1"

Dir1.Path = Drive1.drive    ' 在目录列表框控件中显示由驱动器列表框控件指定根目录下的所有目录

需要注意的是，若目录列表框指向系统的根目录，则 Path 属性最后一位是"\"，如"e:\"；否则 Path 属性的最后一位就没有"\"，如"e:\vb"。

3）ListIndex 属性：返回目录列表框中突出显示的目录序号。双击某一项目录时，控件将自动把当前目录给 Path 属性，由 Path 属性所指定目录的序号为 –1，上一级为 –2，再上一级为 –3……，它的第 1 个子目录为 0，第 2 个子目录为 1，依此类推。例如，当前目录为"G:\ 世界名曲精选 01\vb 参考"，它的目录序号为 –1，它的上一级目录"G:\世界名曲精选 01"的目录序号为 –2，它的子目录"vb 章节"的目录序号为 0，如图 10-1 所示。

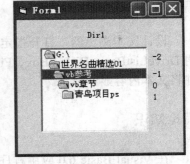

4）ListCount 属性：是 Path 属性指定的当前目录中子目录的个数，只能通过代码读取。

图 10-1　ListIndex 属性示例

5）List 属性：返回目录列表框中各项值。其值是一个字符串数组，数组中的每一个元素包含了控件中相应条目的目录名（带有完整路径）。

常用事件如下。

Change 事件：在目录框发生变化时，会触发该事件。

（3）文件列表框控件

用于显示由文件列表框控件的 Path 属性指定目录中的所有文件。

常用属性如下。

1）Name 属性：用于设置文件列表框控件的名字，默认值为"File1"。

2）Pattern 属性：使用通配符来限制文件列表框只显示某种类型的文件。值为具有通配符的文件名字符串。默认值为"*.*"，即所有文件。

语法为：< 文件列表框名称 >.Pattern = 文件名字符串

例如：

File1.Pattern = "*.exe"

File1.Pattern = "*.exe;*.frm"    ' 可用分号隔开多个通配符

3）FileName 属性：用来设置和返回文件列表框中的文件名，在属性窗口中不可用。

4）Path 属性：用来设置和返回文件列表框中所选中文件的路径（不包括文件名），只能在程序代码中对其进行设置。

可以用代码设置使得文件列表框显示当前目录下的所有文件。

例如：

File1.Path = Dir1.Path

当前文件的完整路径由"目录路径 + 文件名"组成，例如，"e:\vb" + "学习指导.txt"得到此文件的完整路径"e:\vb\ 学习指导 .txt"。

下面的代码可以获得当前文件的完整路径。

```
Dim f As String
If Right(File1.Path, 1) = "\" Then    ' 如果当前目录以 "\" 结尾则不用加 "\"
    f = File1.Path + File1.FileName
Else
    f = File1.Path + "\" + File1.FileName    ' 如果当前目录不以 "\" 结尾需加 "\"
End If
```

下面的代码可以把驱动器列表框控件、目录列表框控件和文件列表框控件联系起来同步显示计算机中的文件，即改变驱动器，目录和文件列表都发生相应的改变。驱动器、目录、文件联动如图 10-2 所示。

```
Private Sub Dir1_Change()
    File1.Path = Dir1.Path
End Sub


Private Sub Drive1_Change()
    Dir1.Path = Drive1.Drive
End Sub
```

5）MultiSelect 属性：用来设定是否允许用户进行多重选择。

6）Readonly 属性、Archive 属性、Normal 属性、Hidden 属性和 System 属性：用于设置要显示文件的属性。分别决定是否可以显示只读文件、存档文件、普通文件、隐藏文件和系统文件。

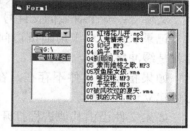

图 10-2 驱动器、目录、文件联动

### 2. 文件的打开与关闭

在 Visual Basic 6.0 中文件的操作按以下步骤进行。

1）使用 Open 语句打开文件并为文件指定一个文件号，程序根据文件的读写操作方式使用不同的方式打开文件。

2）进行读写操作。

3）文件操作结束，使用 Close 语句关闭文件。

### 3. 顺序文件的读写

文本文件格式包括两种：自由格式和顺序文本文件。顺序文本文件说明该文件按顺序存储文本信息。自由格式说明该文件没有固定结构，由开发人员来决定如何设定该文件格式。

顺序文本文件编辑非常简单。记事本等文本编辑器都可以直接改写顺序文本文件内容。

（1）打开文件

语法：Open PathName( 文件名 )For Mode( 方式 )[Access 读写操作类型 ] [Lock] As [#]

FileNumber 文件号 )[Len = recLength( 记录长度 )]

文件名：数据文件的名字，该文件名可能还包括目录、文件夹及驱动器。

方式：指定文件方式，有 Append、Binary、Input、Output 和 Random 方式。如果未指定方式，则以 Random 访问方式打开文件。具体如下。

Append：顺序输出（追加数据文件）。

Binary：二进制方式（读写）。

Input：顺序输入（读出数据）。

Output：顺序输出（随机数据文件）。

Random：随机（读写）。

读写操作类型：说明打开的文件可以进行的操作，有 Read（读）、Write（写）和 Read Write（读写）操作。具体如下。

Read（读）：只读文件。

Write（写）：只写文件。

Read Write（读写）：读写文件，在随机文件和二进制文件和 Append 方式下有效。

Lock：说明限定于其他进程打开的文件的操作。有 Shared、Lock Read、Lock Write 和 Lock Read Write 操作。

Lock Shared：所有进程都可以对此数据文件进行读写操作。

Lock Read：不允许其他进程进行读操作。

Lock Write：不允许其他进程进行写操作。

Lock Read Write：不允许其他进程进行读写操作。

文件号：一个有效的文件号，范围在 1 ～ 511 之间。

记录长度：对于用随机访问方式打开的文件，该值就是记录长度。对于顺序文件，该值就是缓冲字符数。

如果指定的文件不存在，在用 Append、Binary、Output 或 Random 方式打开文件时，可以建立这一文件。

如果文件已由其他进程打开而且不允许指定的访问类型，则 Open 操作失败，而且会有错误发生。

如果方式是 Binary 方式，则 Len 子句会被忽略掉。

注意：在 Binary、Input 和 Random 方式下可以用不同的文件号打开同一文件，而不必先将该文件关闭。在 Append 和 Output 方式下，如果要用不同的文件号打开同一文件，则必须在打开文件之前先关闭该文件。

例如：

```
Open "d:\student.txt" For Output As #1
Open "d:\txl.txt" For Append As #2
Open "d:\address.txt" For Input As #3
Open "d:\cj.txt" For Random As #4 Len = 40
```

（2）关闭文件

语法：Close[#] [FileNumberlist( 文件号 )] [,FileNumberlist( 文件号 )]……

文件号：打开文件时指定的文件号。

功能：关闭指定的文件号连接的文件。如果不指定文件号将关闭所有打开的数据文件。

关闭的操作主要是将缓冲区中的数据写入文件中，并且取消文件号与文件的关联。除了 Close 外，当程序运行结束时，也会关闭所有的数据文件。

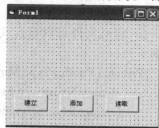

图 10-3　窗体布局

例如：

Close #1

Close #2, #3

（3）读取语句

语法：Line Input #FileNumber, VarName

顺序文本文件写入需要使用 Print# 和 Write# 语句。Print 语句语法如下：

Print #FileNumber, [outputlist]

Write 语句语法如下：

Write #FileNumber, [outputlist]

下面的实例演示了顺序文本文件的读写过程。

1）窗体布局如图 10-3 所示。

2）具体代码如下。

3）运行程序，最后的运行结果如图 10-4 所示。

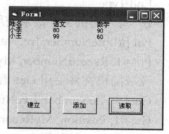

图 10-4　运行结果

```
Private Sub Command1_Click()
    Open "d:\aa.txt" For Output As #1    '建立文件
    Write #1, "姓名", "语文", "数学"    '写入数据
    Write #1, "小李", "80", "90"
    Close #1
End Sub


Private Sub Command2_Click()
    Open "d:\aa.txt" For Append As #1
    Write #1, "小王", "99", "60"    '追加一条数据
    Close #1
End Sub


Private Sub Command3_Click()
    Open "d:\aa.txt" For Input As #1
        For i = 1 To 3    '读出数据
            Input #1, a, b, c
            Print a, b, c
        Next i
    Close #1
End Sub
```

### 4. 随机文件的读写

随机文件与顺序文本文件不同，顺序文本文件没有任何结构，随机文件可以定义文

件结构，便于开发人员开发程序过程中查找定位需要的数据。本节介绍随机文件的操作使用方法。

1）随机文件可以自定义文件结构，使用 Type 语句可以创建用户自定义数据类型。语法如下：

[Private | Public] Type VarName

    elementName [([subscripts])] As Type

    [elementName [([subscripts])] As Type]

    ……

End Type

2）写入随机文件记录使用 Put 语句。语法如下：

Put [#]FileNumber, [recNumber], VarName

Put #1, RecordNumber, MyRecord   '将记录写入文件中

读取随机文件使用 Get 语句来读取信息返回给记录类型变量，语法如下：

Get [#]FileNumber, [recNumber], VarName

Get #1, Position, MyRecord   '读记录

查找随机文件使用 Seek 语句，语法如下：

Seek [#]FileNumber, position

### 5. 二进制文件的读写

二进制文件是二进制数据的集合。它存储密集、空间利用效率高，但操作起来不太方便，工作量也较大。

在 Visual Basic 6.0 中，以 Binary 方式可以打开二进制文件，语法如下：

Open FileName For Binary As # FileNumber

关闭文件用"Close # FileName"即可。

对二进制文件的读写同随机文件一样有 Get# 和 Put# 语句。语法如下：

Get # FileNumber,Position,VarName

Put # FileNumber,Position,VarName

其中，二进制文件读写的记录单位是字节，Position 参数指明读写位置的字节数，Get 语句从 Position 标明的位置读 Len（VarName）个字节到 VarName 中，Put 语句则从当前位置把 VarName 写入文件，写入的字节数为 Len（VarName）。

在二进制存储方式中要经常用到 Seek 函数和 Seek 语句。

Seek 函数用来返回当前文件指针的位置。语法如下：

Seek(FileName)

Seek 语句用来设置文件指针。语法如下：

Seek [#]FileNumber, Position

利用 Seek 语句可以将文件指针定位到需要的位置。

### 6. 常用的文件操作函数和语句

Visual Basic 6.0 提供了一些常用的文件操作函数和语句。使用这些文件操作函数和语句，用户可以在应用程序的开发中实现改变目录、文件定位、文件删除、文件复制、文件

重命名等操作。

（1）取得当前目录信息

要取得当前目录信息可以使用 CurDir 函数，其语法如下：

CurDir[(drive)]

可选参数 drive 是一个字符串表达式，用来指定一个存在的驱动器。如果没有指定驱动器或 drive 为空则 CurDir 函数会返回驱动器的当前目录。

下面的代码可以显示驱动器的当前目录信息：

```
Dim CurPath As String
CurPath = CurDir    '返回驱动器的当前目录
CurPath = CurDir（"C"）    '返回 C 盘当前目录
CurPath = CurDir（"D"）    '返回 D 盘当前目录
```

（2）文件定位

进行各种文件操作之前必须对文件进行定位。主要使用 Dir 函数，其语法如下：

Dir[(PathName[, Attributes])]

下面代码是使用 Dir 函数定位文件的例子：

```
Dir("D:\temp\myfile.Doc",vbhidden)
Dir("D:\temp\*.Doc")
Dir("")
```

（3）文件复制

在 Windows 操作系统中，复制文件是非常普遍的操作。在使用 Visual Basic 6.0 开发应用程序时实现该功能也非常简单，语法如下：

FileCopy source, destination

下面代码是一个复制文件的例子：

```
Dim SourceFile, DestinationFile
SourceFile = "Text.Doc"    '指定源文件名
DestinationFile = "d:\temp\dest.Doc"    '指定目标文件名
FileCopy SourceFile, DestinationFile    '将源文件的内容复制到目标文件中
```

（4）文件删除

在磁盘中删除文件使用 Kill 函数，语法如下：

Kill PathName

PathName 参数用来指定一个文件名的字符串表达式，可以包含目录、文件夹以及驱动器。

```
'假设 Testfile 是一数据文件。
Kill "Testfile"    '删除 Testfile 文件
Kill "*.TXT"    '将当前目录下所有 *.TXT 文件全部删除
```

（5）文件重命名

语法：Name oldPathName As newPathName

下面代码是一个将文件重命名的例子。

```
OldName = "C:\MYDIR\OLDFILE"    '旧文件名
NewName = "C:\YOURDIR\NEWFILE"    '新文件名
Name OldName As NewName    '更改文件名，并移动文件
```

（6）使用文件操作函数

下面用一个小例子来使用上面的一些文件操作函数。

1）使用"记事本"应用程序创建文本文件，在文件中键入"I love you!"并将其另存为"myLove.txt"，保存在 C 盘根目录下。

2）新建工程，在窗体中添加 2 个命令按钮和 1 个文本框控件，窗体布局如图 10-5 所示。

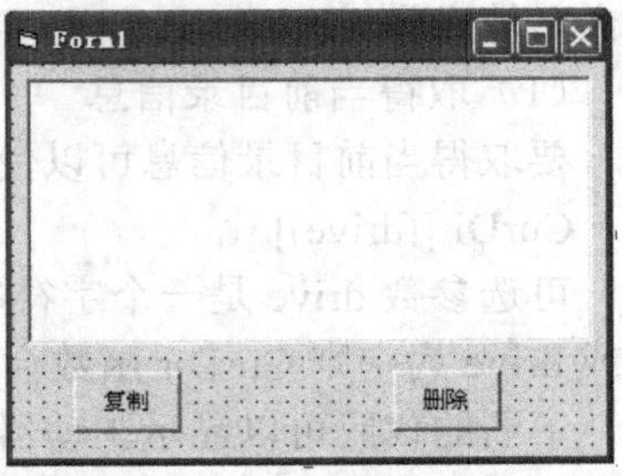

3）把按钮的名称属性分别改为"cmdCopy"和"cmdDelete"。

图 10-5　窗体布局

4）在 cmdCopy_Click() 事件中添加下列代码。

```
Private Sub cmdCopy_Click()
    If Dir("c:\myLove.txt", vbNormal) = "" Then
        MsgBox " 文件不存在！ "
    Else
        FileCopy "c:\myLove.txt", "c:\myLoveEx.txt"
        MsgBox " 文件已复制！ "
    End If
End Sub
```

5）在 cmdDelete_Click() 事件中添加下列代码。

```
Private Sub cmdDelete_Click()
    Dim fileDelete As String
    fileDelete = InputBox(" 输入要删除的文件名 ", " 删除文件 ")
    If MsgBox(" 你想删除文件 " & fileDelete & " 吗？ ", vbQuestion + vbYesNo) = vbYes Then
        Kill (fileDelete)
        MsgBox (" 文件已删除 ")
    End If
End Sub
```

6）保存工程。

删除文件时需要注意两点。

① 如果要删除的文件不存在会显示出错信息，如图 10-6 所示。

② 必须同时指定要删除文件的文件名、扩展名和完整路径。

图 10-6　显示出错信息

### 任务实施

1）新建工程。

2）在窗体上添加控件并设置属性，界面设计如图 10-7 所示。

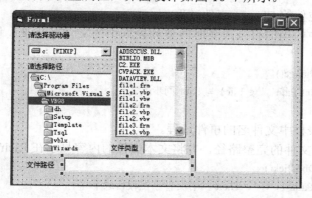

图 10-7  界面设计

窗体中各控件的属性见表 10-1。

表 10-1  窗体中各控件的属性

| 控 件 名 称 | 属　　性 | 属 性 值 |
| --- | --- | --- |
| DriveListBox | Name | Driver1 |
| DirListBox | Name | Dir1 |
| FileListBox | Name | File1 |
| Text1 | Text | 空 |
| Text2 | Text | 空 |
| RichTextBox1 | ScrollBars | 2-rtfVertical |
|  | MultiLine | True |

3）编写事件处理过程。

① 窗体初始化程序。

```
Private Sub Form_Load()
    File1.Pattern = "*.*"    ' 设置 File1 的文件过滤器为显示所有文件, 同时文本框中显示 "*.*"
    Text1.Text = "*.*"
End Sub
```

② 文本框（Text1）的 Change 事件过程。

当用户在文本框 Text1 中改变文件类型时，文件列表框中将只显示由 Text1 设定的类型的文件。

```
Private Sub Text1_Change()
    File1.Pattern = Text1.Text
End Sub
```

③ 驱动器列表框控件的 Change 事件过程。

当驱动器改变时改变文件列表框中的目录，使 Dir1 与 Drive1 同步改变。

```
Private Sub Drive1_Change()
    Dir1.Path = Drive1.Drive
```

End Sub

④ 目录列表框控件的 Change 事件过程。

当目录列表框中的当前目录改变时改变列表框中的文件名目录，使 File1 与 Dir1 同步改变。

```
Private Sub Dir1_Change()
    File1.Path = Dir1.Path    '使 File1 与 Dir1 同步改变
End Sub
```

⑤ 双击文件列表框中文件名的事件过程。

在 Text2 中显示文件的完整路径，并将文本文件的内容显示在 RichTextBox1 中。

```
Private Sub File1_DblClick()
    If Right(File1.Path, 1) <> "\" Then    '若文件不在根目录下
        Text2.text = File1.Path & "\" & File1.FileName
    Else    '若文件在根目录下
        Text2.text = File1.Path & File1.FileName
    End If
    RichTextBox1.LoadFile Text2.Text    '通过 RichTextBox1 的 LoadFile 方法打开文件
End Sub
```

4）运行程序，最后的运行结果如图 10-8 所示。

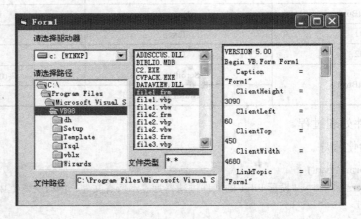

图 10-8    运行结果

5）保存工程与窗体文件。

## 任务二    Drive 对象的使用

### 任务分析

在窗体上单击按钮，会弹出对话框显示指定驱动器的信息。创建 FSO 对象，使用 GetDrive 方法返回一个与指定路径中的驱动器相对应的 Drive 对象。

**理论知识**

### 1. 文件系统对象

从 Visual Basic 的第 1 版至今，有关文件的处理都是通过使用 Open、Write 以及其他一些相关的语句或函数来实现的。从 Visual Basic 6.0 开始，微软提出了一个全新的文件系统对象 FSO。

### 2. 文件系统对象的概念

文件系统对象 FSO 的英文全称是 File System Object，这种对象模型提出了有别于传统的文件操作语句处理文件和文件夹的方法。通过采用 object.method 这种在面向对象编程中广泛使用的语法，将一系列操作文件和文件夹的动作通过调用对象本身的属性直接实现。

FSO 对象模型不仅可以类似于使用传统文件操作语句那样实现文件的创建、改变、移动和删除，而且可以检测是否存在指定的文件夹及其在硬盘上的位置。更令人高兴的是 FSO 对象模型还可以获取关于文件和文件夹的信息，如名称、创建日期和最近修改日期等。还可以获取当前系统中使用的驱动器的信息，如驱动器的种类是 CD-ROM 还是可移动硬盘、当前硬盘的剩余空间还有多少。而以前要获取这些信息必须通过调用 Windows API 函数集中的相应函数才能实现。FSO 对象模型包含在 Scripting 类型库（Scrrun.dll）中，它同时包含了 Drive、Folder、File、FileSystemObject 和 TextStream 5 个对象。其中 Drive 用来收集驱动器的信息，如可用硬盘空间或驱动器的类型；Folder 用于创建、删除或移动文件夹，同时可以查询文件夹的路径等操作；File 的基本操作和 Folder 基本相同，所不同的是 File 的操作主要是针对磁盘上的文件进行的。

### 3. FileSystemObject 对象

FileSystemObject 是 FSO 对象模型中最主要的对象，它提供了一套完整的可用于创建、删除文件和文件夹，收集驱动器、文件夹、文件相关信息的方法。需要注意的是，FSO 对象模型提供的方法是冗余的，也就是说在实际使用中，FSO 对象模型中包含的不同对象的不同方法进行的却是同样的操作，而且 FileSystemObject 对象的方法直接作用于其余对象。

FileSystemObject 对象的创建可以用两种方法来实现。

由于 FSO 对象包含在 Scripting 类型库（Scrrun.dll）中，所以在使用前首先需要在工程中引用这个文件，选择菜单"工程"→"引用"命令，在"引用"对话框中选中"Microsoft Scripting Runtime"前的复选框，单击"确定"按钮，如图 10-9 所示。

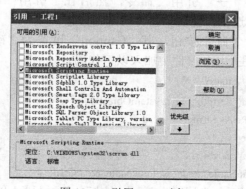

图 10-9　引用 FSO 对象

要创建 FSO 对象可以采用两种方法。一种是将一个变量声明为 FSO 对象类型。

```
Dim fsoTest As New FileSystemObject；
```

另一种是通过 CreateObject 方法创建一个 FSO 对象。

```
Set fsoTest = CreateObject("Scripting.FileSystemObject")；
```

在实际使用中具体采用哪种声明方法，可根据个人的使用习惯而定。

完成了 FSO 对象模型的创建之后，就可以利用创建的对象模型的方法访问各个对象的属性来获取所需信息或进行相关操作了。

### 4. 管理驱动器（Drive 对象）

Drive 对象是用来获取当前系统中各个驱动器信息的。由于 Drive 对象没有方法，其应用都是通过属性来实现，所以必须熟悉 Drive 对象的属性。Drive 对象的属性见表 10-2。

表 10-2　Drive 对象的属性

| 属　　性 | 功　　能 |
| --- | --- |
| AvailableSpace | 返回在指定的驱动器或网络共享上的用户可用的空间容量 |
| DriveLetter | 返回某个指定本地驱动器或网络驱动器的字母，这个属性是只读的 |
| DriveType | 返回指定驱动器的硬盘类型 |
| FileSystem | 返回指定驱动器使用的文件系统类型 |
| FreeSpace | 返回指定驱动器上或共享驱动器可用的硬盘空间，这个属性是只读的 |
| IsReady | 确定指定的驱动器是否准备好 |
| Path | 返回指定文件、文件夹或驱动器的路径 |
| RootFolder | 返回一个 Folder 对象，该对象表示一个指定驱动器的根文件夹。只读属性 |
| SerialNumber | 返回用于唯一标识硬盘卷标的十进制序列号 |
| ShareName | 返回指定驱动器的网络共享名 |
| TotalSize | 以字节为单位，返回驱动器或网络共享的总空间大小 |
| VolumeName | 设置或返回指定驱动器的卷标名 |

从表 10-2 中的属性可以看到 Drive 对象基本上包含了日常操作所需的全部的驱动器信息，因此在使用中是非常方便的。

### 任务实施

1）新建工程。

2）选择菜单"工程"→"引用"命令，然后在"引用"对话框中选中"Microsoft Scripting Runtime"前的复选框，然后单击"确定"按钮。

3）在窗体上添加一个命令按钮，其"Caption"设置为"确定"，"名称"属性为"DriveMessage"，然后在 Click 事件中加入以下代码。

```
Private Sub DriveMessage_Click()
    Set fso = CreateObject("Scripting.FileSystemObject")
    Dim dr1 As Drive, mRe As String
    Set dr1 = fso.GetDrive("C:\")
    mRe = "Drive " & "C:\" & vbCrLf
    mRe = mRe& "VolumeName" & dr1.VolumeName & vbCrLf
    mRe = mRe & "Total Space: " & FormatNumber(dr1.TotalSize / 1024, 0)
```

```
        mRe = mRe & "Kb" & vbCrLf
        mRe = mRe& "Free Space: " & FormatNumber(dr1.FreeSpace / 1024, 0)
        mRe = mRe & "Kb" & vbCrLf
        mRe = mRe & "FileSystem:" & dr1.FileSystem & vbCrLf
        MsgBox mRe
    End Sub
```

其中 GetDrive 方法返回一个与指定路径中的驱动器相对
应的 Drive 对象。该方法的语法为：

　　[object].GetDrive drivespec

　　object 是一个 FSO 对象的名称，drivespec 用于指定驱动
器的名称。

　　4）按 <F5> 键运行上述代码，单击"确定"按钮就会弹
出一个消息框显示 C 盘的信息，运行结果如图 10-10 所示。

图 10-10　运行结果

# 任务三　Folder 对象的使用

## 任务分析

　　运行程序，实现创建文件夹、删除文件夹以及获取文件夹的有关信息。创建 FSO 对象，
用来创建、删除文件夹以及获取文件夹的有关信息。

## 理论知识

　　在 FSO 对象模型中，提供了丰富的关于文件夹操作的方法，这些方法分别如下。

　　FileSystemObject 对象有关文件夹的方法如下。

　　CreateFolder：创建一个文件夹。

　　DeleteFolder：删除一个文件夹。

　　MoveFolder：移动一个文件夹。

　　CopyFolder：复制一个文件夹。

　　FolderExists：查找一个文件夹是否在驱动器上。

　　GetFolder：获得已有 Folder 对象的一个实例。

　　GetParentFolderName：找出一个文件夹的父文件夹的名称。

　　GetSpecialFolder：找出系统文件夹的路径。

　　Folder 对象的方法如下。

　　Delete：删除一个文件夹。

　　Move：移动一个文件夹。

　　Copy：复制一个文件夹。

　　Name：检索文件夹的名称。

　　在此需要强调一点，前面我们曾经提到过 FSO 对象模型包含的方法是冗余的，所
以 Folder 对象的 Delete、Move、Copy 方法和 FileSystemObject 对象的 DeleteFolder、

MoveFolder、CopyFolder 方法实际上是相同的，因此在实际使用中可以任选其中的一种。

**任务实施**

1）新建工程。

2）选择菜单"工程"→"引用"命令，然后在"引用"对话框中选中"Microsoft Scripting Runtime"前的复选框，然后单击"确定"按钮。

3）添加 3 个命令按钮，然后在 Form1 的通用部分加入以下代码。

```
Option Explicit
Dim fso1 As New FileSystemObject
Dim fol As Folder
```

并且分别在 3 个命令按钮的 Click 事件输入以下代码。

```
Private Sub Command1_Click()
    ' 获取 Folder 对象。
    Set fol = fso1.GetFolder("C:")
    ' 创建文件夹
    fso1.CreateFolder ("C:\Test")
    MsgBox "folder C:\Test has created"
End Sub


Private Sub Command2_Click()
    ' 获取 Drive 对象。
    Set fol = fso1.GetFolder("C:")
    ' 删除文件夹
    fso1.DeleteFolder ("C:\Test")
    MsgBox "folder C:\Test has deleted"
End Sub


Private Sub Command3_Click()
    ' 获取文件夹的有关信息
    Dim sReturn As String
    Set fol = fso1.GetFolder("C:\Windows")
    sReturn = "The folder's Attributes is " & fol.Attributes & vbCrLf
    ' 获取最近一次访问的时间
    sReturn = sReturn & "The folder's last access time is " & fol.DateLastAccessed & vbCrLf
    ' 获取最后一次修改的时间
    sReturn = sReturn & "The folder's last modify time is " & fol.DateLastModified & vbCrLf
    ' 获取文件夹的大小
    sReturn = sReturn & "The folder's size is " & FormatNumber(fol.Size / 1024, 0)
    sReturn = sReturn & "Kb" & vbCrLf
    ' 判断文件或文件夹类型
    sReturn = sReturn & "The type is " & fol.Type & vbCrLf
    MsgBox sReturn
End Sub
```

4）运行程序。单击"Great"按钮，运行结果如图 10-11 所示。

5）保存工程。

上述代码中提到的 CreateFolder 方法的语法为：

object.CreateFolder(foldername)

foldername 指定了要创建的文件夹的名称。

而 DeleteFolder 方法的语法为：

object.DeleteFolder folderspec[,force]

其中，folderspec 用来指定要删除的文件夹的名称，force 是一个可选的布尔型参数，如果希望删除只读属性的文件夹则将该值设为 True，默认为 False。

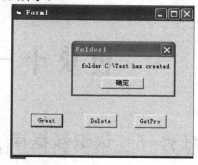

图 10-11　运行结果

## 拓展练习

1）窗体中已经加入了文件列表框（File1）、目录列表框（Dir1）和驱动器列表框（Drive1），编写程序使这 3 个控件可以同步变化。

2）举例说明 Open 语句如何打开顺序文件和随机文件。

## 模块小结

本模块介绍了文件、目录操作，如何读写顺序文件、随机文件、二进制文件以及 FSO 模型。本章重点难点包括：文件目录操作函数、读写顺序文件和随机文件函数。以上操作目录和文件的函数参数众多、情况复杂不易掌握。

通过本章学习，应掌握以下内容。

1）FSO 对象模型的基本特点和用途。

2）顺序文件、随机文件和二进制文件的特点和用途。

3）使用传统方法和函数对 3 种结构的文件进行操作。

# 模块十一 数据库编程技术

## 任务一 认识数据库

### 任务分析

认识数据库。

### 任务实施

在计算机应用系统中，对于大量的数据通常使用数据库技术来存储管理，这比通过文件来存储管理有更高的效率。Visual Basic 6.0 具有强大的数据库操作功能，提供包含数据管理器（Data Manager）、数据控件（Data Control）以及 ADO（Active Data Object）等功能强大的工具。Visual Basic 6.0 能够将 Windows 的各种先进性与数据库有机地结合在一起，可以很好地实现数据库的读取界面，开发出方便实用的数据库应用程序。

数据库是以一定的组织方式存储在计算机的外存储器中的、相互关联的数据的集合。它是为满足某一组织中多个用户的多种应用而建立，具有数据的共享性、数据的独立性、数据的完整性和数据冗余少等特点。数据库按其结构特点可分为层次数据库、网状数据库和关系数据库。

数据库管理系统（Database Management System）是一种操纵和管理数据库的大型软件，用于建立、使用和维护数据库，简称 DBMS。它对数据库进行统一的管理和控制，以保证数据库的安全性和完整性。用户通过 DBMS 管理数据库。数据库管理系统具有数据定义、数据存取、数据库运行管理以及数据库的建立、维护和数据库通信等功能。

关系数据库是目前应用最广泛的一种数据库。它可以采用现代数学理论和方法对数据进行处理，提供了结构化查询语言 SQL。关系数据库是根据表、记录和字段之间的关系进行组织和访问的一种数据库，它通过若干个表（Table）来存储数据，并且通过关系（Relation）将这些表联系在一起。

## 任务二 使用可视化数据管理器

### 任务分析

了解可视化数据管理器。

　　Visual Basic 6.0 为用户提供了功能强大的可视化数据管理器，使用这个工具可以生成多种类型的数据库，如 Microsoft Access、dBase、FoxPro、Paradox、ODBC 等。利用可视化数据管理器可以建立数据库表，对建立的数据库表进行添加、删除、编辑、过滤、排序等基本操作以及进行安全性管理和对 SQL 语句测试等。下面以建立"学生基本信息"数据库为例来介绍可视化数据管理器的使用方法。"学生基本信息"数据库中有一个"自然信息"表，结构见表 11-1。

表 11-1　"自然信息"表的结构

| 字 段 名 称 | 类 型 | 长 度 |
|---|---|---|
| 学　号 | 整型 | 默认 |
| 姓　名 | 文本 | 8 |
| 性　别 | 文本 | 2 |
| 出生日期 | 日期 | 默认 |
| 联系电话 | 文本 | 15 |
| 家庭住址 | 文本 | 50 |

### 1. 建立数据库

利用可视化数据管理器创建数据库的步骤如下。

1）选择菜单"外接程序"→"可视化数据管理器"命令，弹出可视化数据管理器窗口，如图 11-1 所示。

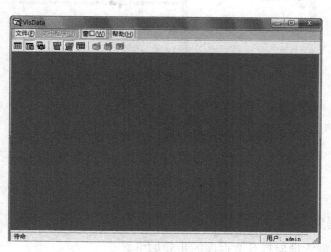

图 11-1　可视化数据管理器

　　2）选择可视化数据管理器窗口中的菜单"文件"→"新建"命令，出现数据库类型选择菜单。单击数据库类型菜单中的"Microsoft Access"命令将出现版本子菜单，在版本子菜单中选择要创建的数据库版本，出现新建数据库对话框，输入要创建的数据库名"学生基本信息"，如图 11-2 所示。

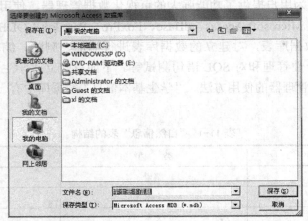

图 11-2　"选择要创建的 Microsoft Access 数据库"对话框

3）输入数据库名称以后，在可视化数据管理器窗口中出现"数据库窗口"和"SQL 语句"子窗口，如图 11-3 所示。"数据库窗口"以树形结构显示数据库中的所有对象，可以单击鼠标右键激活快捷菜单，执行"新建表"、"刷新列表"等菜单项；"SQL 语句"窗口用来执行任何合法的 SQL 语句，并可保存。用户可以使用窗口上方的"执行"、"清除"、"保存"按钮对 SQL 语句操作。

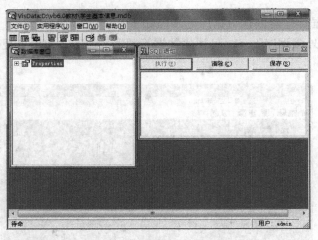

图 11-3　可视化数据管理器

## 2. 打开数据库

利用可视化数据管理器打开数据库的步骤如下。

1）选择菜单"外接程序"→"可视化数据管理器"命令。

2）选择菜单可视化数据管理器窗口中的"文件"→"打开数据库"命令，出现数据库类型选择菜单。单击数据库类型菜单中的"Microsoft Access"命令将出现"打开 Microsoft

Access 数据库"对话框，在这里选择我们要打开的"学生基本信息"数据库文件，如图 11-4 所示。

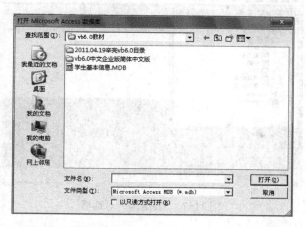

图 11-4　"打开 Microsoft Access 数据库"对话框

### 3. 添加数据表

在已建立的数据库中添加表的操作步骤如下。

1）在"数据库窗口"中单击鼠标右键，在快捷菜单中选择"新建表"菜单项便可为数据库添加一个新表。

2）选择"新建表"后屏幕出现如图 11-5 所示的"表结构"对话框。在"表结构"中可输入新表的名称并添加字段，也可从表中删除字段，还可以添加或删除作为索引的字段。

3）在"表名称"中输入"自然信息"作为表名，然后单击"添加字段"按钮打开如图 11-6 所示的"添加字段"对话框。在"名称"文本框中输入字段名，然后单击"类型"下拉列表框选择所需类型，在"大小"文本框中输入字段的长度，然后单击"确定"按钮。

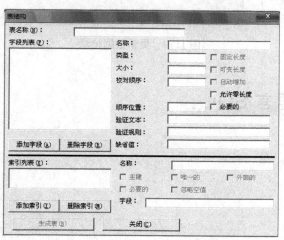

图 11-5　"表结构"对话框

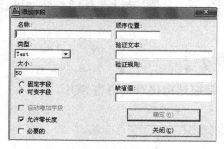

图 11-6　"添加字段"对话框

4）所有字段添加结束，单击"关闭"按钮回到"表结构"对话框，单击"生成表"按钮，如图 11-7 所示。

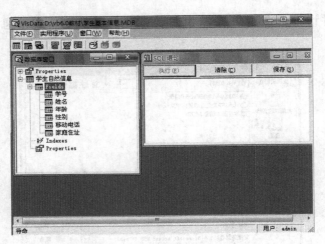

图 11-7 "表结构"对话框

5) 在数据窗口中单击"学生自然信息"表,打开"学生自然信息"表编辑窗体添加记录,如图 11-8 所示。

6) 添加数据之后单击"更新"按钮更新数据记录,如图 11-9 所示。同时,还可以使用编辑、删除、排序、移动、过滤器等功能对数据记录进行处理。

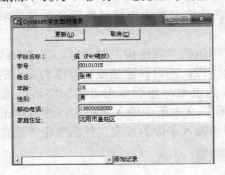

图 11-8 添加记录

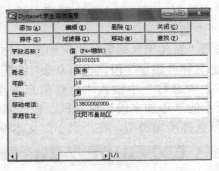

图 11-9 更新数据记录

## 任务三 掌握结构化查询语言 SQL

### 任务分析

掌握结构化查询语言 SQL。

### 理论知识

SQL 语言是 1974 年由 Boyce 和 Chamberlin 提出并在 IBM 公司研制的关系数据库原型系统 System R 实现的一种语言。1986 年 10 月,美国国家标准局(ANSI)的数据库委员会批准了 SQL 作为关系数据库语言的美国标准,同年,公布了标准 SQL 文本。1987 年 6 月国际标准化组织（ISO）将其采纳为国际标准，这个标准也称为"SQL86"。之后 SQL 标准化工作不断地进行，相继出现了"SQL89"、"SQL92"（1992）和"SQL93"（1993）等。SQL 已成为关系数据库领域中的一种主流语言。

　　SQL（Structure Query Language）语言即结构化查询语言，是一种用于数据库查询和编程的非过程化高级语言。利用它可以方便地组织、管理和查询数据库中的数据。SQL 语言具有高度非过程化、面向集合操作方式和简单易学的特点。

**任务实施**

　　SQL 语言功能强大，基本功能可分为以下 4 类：数据定义、数据操作、数据查询和数据控制。本节将就这 4 种基本功能作详细介绍。

### 1. 数据定义语句

（1）CREATE DATABASE　创建一个数据库。

例如，以学校学生信息管理为例，建立学生信息管理数据库（Student）。

CREATE DATABASE Student

（2）DROP DATABASE　删除数据库及其全部内容。

例如，以学校学生信息管理为例，删除学生信息管理数据库（Student）。

DROP DATABASE Student

（3）CREATE TABLE　创建一个新数据表。

例如，以学校学生信息管理为例，建立学生自然信息表（Stuinfo）。

CREATE TABLE Stuinfo( 学号 Char(8), 姓名 Char(8), 性别 Char(2), 联系方式 , Char(12), 出生日期 datetime)

（4）DROP TABLE　删除数据表。

例如，以学校学生信息管理为例，删除学生自然信息表（Stuinfo）。

DROP TABLE Stuinfo

（5）CREATE INDEX　为表创建一个索引。

（6）CREATE VIEW　创建视图，即由一个或几个表定义的虚表。

### 2. 数据查询语句

SELECT 语句表示从现有的数据库中一个表或多个关系中检索数据。

SELECT 语句语法：

SELECT< 字段名列表 >FROM< 表名 >WHERE< 条件 >[GROUP BY< 列名 >[HAVING< 条件 >]] [ORDER BY< 列名 >[ASC | DESC]

例如，使用 SELECT 语句查询"信息技术与服务部"学生的姓名、性别、年龄、移动电话。

SELECT 姓名 , 性别 , 年龄 , 移动电话 FROM 学生基本信息表 WHERE 专业 =' 信息技术与服务部 '

说明：其中，"字段名列表"可以是一个也可以是多个，多个字段名之间用逗号分开，当要查询表中所有列时，则可用"*"代表。"条件"是一个逻辑表达式，SQL 条件运算符除了 AND、OR、NOT 逻辑运算符以及 =、<、<=、>、>=、< > 比较运算符外，还可以使用

BETWEEN（指定运算值范围）、LIKE（格式相符）和 IN（指定记录）。GROUP 为分组，ORDER 为排序。

### 3．数据操作语句

（1）INSERT 语句　用于向数据表中添加一个或多个记录。语法：

INSERT INTO< 表名 >（列名表）VALUES( 元素值 )

例如，在 Stuinfo 表中连续插入 2 条记录。

> INSERT INTO Stuinfo VALUES(('00101001', ' 王菲 ', ' 女 ', , ' 辽宁省沈阳市 ), ('00101002', ' 张伟 ', ' 男 ', , '
> 辽宁省锦州市 '))

（2）DELETE 语句　用来按照指定条件删除表中的记录。语法：

DELETE FROM< 表名 >WHERE< 条件表达式 >

例如，删除信息技术与服务部的所有学生信息。

> DELETE FROM Stuinfo WHERE 专业 = ' 信息技术与服务部 '

注意：DELETE 语句只能从一个表中删除元组，而不能一次从多个表中删除元组。要删除多个元组，就要写多个 DELETE 语句。

（3）UPDATE 语句　用来按照指定条件修改表中的记录。语法：

UPDATE< 基本表名 >SET< 列名 > = < 值表达式 >[, 列名 = 值表达式 ] [WHERE 条件表达式 ]

例如，将 Stuinfo 表中的 "李伟" 同学的专业改为 "网络技术"，用下列代码。

> UPDATE Stuinfo SET 专业 = ' 网络技术 ' WHERE 姓名 = ' 李伟 '

说明：其中，SET 子句用于指定修改方法，即用表达式的值取代相应的属性列值。如果省略 WHERE 子句，则表示要修改表中的所有元组。

### 4．控制语句

（1）GRANT 语句　将一种或多种权限授予一个或多个用户。

（2）REVOKE 语句　从一个或多个用户收回权限。

（3）COMMIT 语句　提交一个事务。

（4）ROLLBACK 语句　撤销一个事务。

## 任务四　编写学生基本信息录入程序

### 任务分析

通过设计学生基本信息录入程序，利用 ADO 数据控件实现对学生基本信息的增、删、改等操作。

### 理论知识

ADO Data 控件使用户能使用 Microsoft ActiveX Data Objects（ADO）快速地创建一个到数据库的连接。ADO 数据控件是目前流行的数据访问控件，它支持 OLE DB 数据访问模型。使用 ADO 数据访问控件，可以访问大型关系型数据库管理系统和小型个人数据库管理系统。

ADO 数据控件是 ActiveX 控件，需要手工将其添加到工具箱中。选择菜单"工程"→"部件"命令，选中"Microsoft ADO Data Control 6.0（SP4）"前的复选框，单击"确定"按钮添加 ADO 控件，如图 11-10 所示。

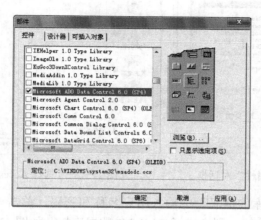

图 11-10　添加 ADO 控件

### 1．ADO 数据控件的主要属性

ADO Data 控件的大多数属性可以通过"属性页"对话框设置。用鼠标右键单击 ADO Data 控件，在弹出的快捷菜单中选择"ADODC 属性"即可打开"属性页"对话框，如图 11-11 所示。

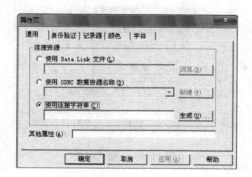

图 11-11　"属性页"对话框

（1）ConnectionString 属性

要使用 ADO 数据控件需要首先连接数据源，也就是设置 ConnectionString 属性值。如图 11-11 所示，"连接资源"中的 3 个选项分别用于 OLE DB 文件（.udl）、ODBC 数据源（.dsn）或连接字符串。选中"使用连接字符串"单选按钮，单击"生成"按钮进入"数据链接属性"对话框，在"提供程序"选项卡中选择"Microsoft Jet 4.0 OLE DB Provider"，如图 11-12 所示。

单击"下一步"按钮，在出现的"连接"选项卡中单击"..."按钮，选择所需数据库的路径和文件名（如"D:\vb6.0 教材 \data"），如图 11-13 所示。

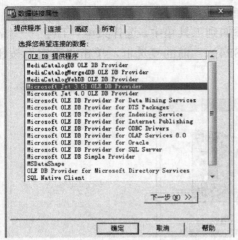 

图 11-12 "数据链接属性"对话框　　　　图 11-13 "选择 Access 数据库"对话框

在"输入登录数据库的信息"中输入用户名称和密码，单击"测试连接"按钮。当测试成功就单击"确定"按钮，则完成了 OLE DB 数据连接，如图 11-14 所示。

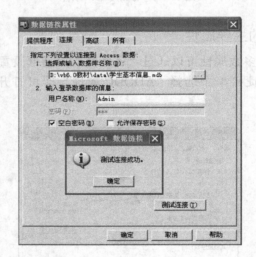

图 11-14　测试连接

（2）CommandType 属性

1）adCmdUnknown：默认值，表示 RecordSource 中的命令类型未知。

2）adCmdTable：RecordSource 属性的内容是一个表名。

3）adCmdText：RecordSource 属性的内容是一个查询语句字符串。

4）adCmdStoredProc：RecordSource 属性的内容是一个存储过程名。

（3）RecordSource 属性

1）用于设置 ADO 结果集的内容。

2）这个内容可以来自于一张表，也可以来自一个查询语句，也可以来自一个存储过程的执行结果。

3）RecordSource 属性的值与 CommandType 属性的值有关，两者协同使用设置 RecordSource 属性。

在已经设置好 ConnectionString 属性的 ADO 数据控件上右键单击鼠标，在弹出的菜单中选择"ADODC 属性"命令，在弹出的对话框上选择"记录源"选项卡，如图 11-15 所示。

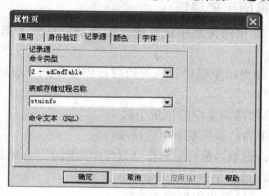

图 11-15　"记录源"选项卡

（4）MaxRecords 属性

结果集中的记录的最大数目，0 表示无限制。属性取值大小取决于所检索的记录的数量以及计算机可用资源的多少。

（5）Recordset 属性

用于存放从数据提供者那里获得的查询结果，是 ADO 数据控件中实现数据记录操作的最重要的属性。这个属性本身又是一个对象，也有自己的属性和方法，它直接指向 ADO 对象模型中的 Recordset 对象。Recordset 属性也称为记录集或结果集，用于存放从数据提供者那里获得的查询结果，这个结果一般存放在客户端内存中。

### 2. ADO 数据控件的主要方法

Refresh：用于更新 ADO 数据控件属性，使修改后的 ADO 数据控件属性生效。

Refresh 方法的语法如下：

ADO 数据控件名 .Refresh

当修改 ADO 数据控件的 ConnectionString 属性的值时，使用 Refresh 方法会重新连接一次数据库；当修改 ADO 数据控件的 RecordSource 属性的值时，使用 Refresh 方法会重新执行 RecordSource 属性的内容，重新产生结果集。

### 3. ADO 数据控件的主要事件

1）EndOfRecordset 事件：当在结果集中移动记录指针并且记录指针超出了结果集的最后一条记录时触发此事件。

2）Error 事件：当发生一个数据访问错误而没有执行任何代码时会触发此事件。

3）WillChangeField 和 FieldChangeComplete 事件：对结果集中的一个或多个字段值进行修改前触发 WillChangeField 事件；对结果集中的一个或多个字段值修改之后触发

FieldChangeComplete 事件。

4）WillMove 事件和 MoveComplete 事件：在结果集当前行记录指针移动之前触发 WillMove 事件；在结果集当前行记录指针移动完成后触发 MoveComplete 事件。

### 4. RecordSet 对象的主要属性

1）BOF：布尔值，如果结果集中记录的当前行指针移到了第一条记录的前边则此值为真，否则为假。

2）EOF：布尔值，如果结果集中记录的当前行指针移到了最后一条记录的后边则此值为真，否则为假。

3）RecordCount：存放结果集中的记录个数。

4）Sort：将结果集中的记录按某个字段排序。

5）AbsolutePosition：记录当前行记录在结果集中的顺序号，结果集记录序号从 1 开始。

6）ActiveCommand：结果集中创建的命令。

7）ActiveConnection：结果集中创建的连接。

8）Bookmark：结果集中当前行记录的标识号。

9）Fields：结果集中的字段集合。

### 5. RecordSet 对象的主要方法

（1）Move 方法组

1）MoveFirst 方法：将当前行记录指针移到结果集中的第一行。

2）MovePrevious 方法：将当前行记录指针向前移动一行。

3）MoveNext 方法：将当前行记录指针向后移动一行。

4）MoveLast 方法：将当前行记录指针移到结果集中的最后一行。

5）Move 方法：将记录指针从某一指定位置向前或向后移动若干行。

（2）AddNew 方法

用于在结果集中添加一条新记录。

（3）Update 方法

1）如果不带任何参数，将新记录缓冲区中的记录或者对当前记录的修改写到数据库中。

2）如果带参数，可以直接修改字段值。

（4）Delete 方法

删除结果集中当前行记录指针所指的记录，并且这个删除是直接对数据库数据操作的，删除后的数据不可恢复。

（5）CancelUpdate 方法

用于取消新添加的记录或对当前记录所做的修改。

（6）Find 方法

1）用于在当前结果集中查找满足条件的记录。

2）Find 方法的语法如下：

ADO 数据控件名 .Recordset. Find（" 查找条件表达式 "）。

**任务实施**

1）窗体控件设计实现。

打开 Visual Basic 6.0，新建 1 个标准的 EXE 工程（Form1），在窗体中添加 6 个标签控件、6 个 Command 按钮控件、4 个 TextBox 文本框控件、1 个 Adodc 控件、2 个 OptionButton 和 1 个 ComboBox 控件。各控件的属性设置见表 11-2。

表 11-2　各控件的属性设置

| 窗体 / 控件（数量） | 属　　性 | 设　置　值 |
| --- | --- | --- |
| Form1 | Caption | 学生基本信息录入 |
| Label（6 个） | 名称 | L1、L2、L3、L4、L5、L6 |
| CommandButton（6 个） | 名称 | cmdAdd、cmdUpdate、cmdDel |
| | | cmdPre、cmdNext、cmdQuit |
| TextBox（4 个） | 名称 | txtNo、txtName、txtBir、txtAddr |
| | DataSource | Adodc1 |
| | DataField | stuNo、stuName、stuBir、stuAddr |
| ComboBox（2 个） | 名称 | ComboSex、ComboDep |
| | DataSource | Adodc1 |
| | DataField | stuSex、stuDep |
| Adodc（1 个） | 名称 | Adodc1 |

2）窗体布局。

调整各个控件的位置，窗体布局如图 11-16 所示。

图 11-16　窗体布局

3）学生基本信息录入程序的代码实现。

① 添加记录的代码。

```
Adodc1.Recordset.AddNew
```

② 更新记录的代码。

```
Adodc1.Recordset.Update
```

③ 删除记录的代码。

```
del = MsgBox(" 要删除吗 ?", vbYesNo, " 删除记录 ")
If deldel = vbYes Then
    Adodc1.Recordset.Delete
    Adodc1.Recordset.MoveLast
End If
```

④查询上一条记录的代码。

```
Adodc1.Recordset.MovePrevious
If Adodc1.Recordset.BOF Then Adodc1.Recordset.MoveFirst
```

⑤查询下一条记录的代码。

```
Adodc1.Recordset.MoveNext
If Adodc1.Recordset.EOF Then Adodc1.Recordset.MoveLast
```

⑥退出代码。

```
Unload Me
```

4）学生基本信息录入程序运行界面，如图 11-17 所示。

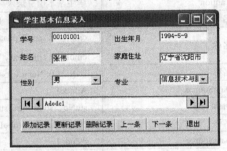

图 11-17　学生基本信息录入程序运行界面

# 任务五　编写以表格形式显示学生基本信息的程序

## 任务分析

在窗体的表格中显示学生的基本信息。

1）窗体、ADO Data 控件的属性设置。

2）DataGrid 控件的属性设置。

## 理论知识

DataGrid 控件是一种类似于表格的数据绑定控件，可以通过行和列 Recordset 对象访问记录和字段，并允许用户在此控件中浏览、添加、删除和修改记录。DataGrid 控件的主要属性如下。

（1）"通用"选项卡

允许添加：允许添加新记录。允许删除：允许删除记录。允许更新：允许更改记录。

（2）"键盘"选项卡

用于控制控件的浏览属性。

（3）"列"选项卡

提供了在设计模式下对 DataGrid 控件中列集合的控制，通过此页可以为每个列集合对象设置标题和 DataGrid 的属性值。

（4）"布局"选项卡

用于设置附加的列属性，其最重要的特征是可以设置列的对齐方式和宽度。

（5）"颜色"选项卡

用于设置列标题以及控件的其他部分的前景色和背景色，是从 Visual Basic 6.0 属性窗口中的前景色和背景色条目复制过来的。

（6）"字体"选项卡

可以有选择的设置列标题以及 DataGrid 控件的字体、大小及属性。

（7）"拆分"选项卡

用于把 DataGrid 中一列分割成多列，方便对列中的数据进行滚动查看。

（8）"格式"选项卡

用于指定每个独立列的数据类型，例如把记录价格的列指定为"货币"类型，对文本列采用默认的"通用"类型，对数字列指定为"数字"类型并指明相应的小数位数。

**任务实施**

1）窗体的设计实现。

打开 Visual Basic 6.0，新建一个标准的 EXE 工程（Form1），在窗体中添加 1 个 ADO Data 控件、1 个 DataGrid 控件。各控件的属性设置见表 11-3。用鼠标右键单击 DataGrid 控件，选择"检索字段"命令，就会用数据源的记录集来自动填充该控件，并且自动设置该控件的列标头。

表 11-3　各控件的属性设置

| 窗体/控件（数量） | 属　　性 | 设　置　值 |
| --- | --- | --- |
| Form1 | Caption | 显示学生基本信息 |
| DataGrid（1 个） | 名称 | DataGrid |
|  | DataSource | Adodc1 |
| Adodc（1 个） | 名称 | Adodc1 |

2）窗体布局。

调整各个控件的位置，窗体布局如图 11-18 所示。

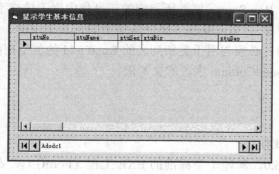

图 11-18　窗体布局

3）以表格形式显示学生的基本信息，程序运行界面如图 11-19 所示。

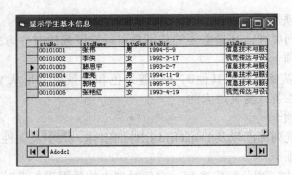

图 11-19    程序运行界面

# 任务六    编写显示学生基本信息的程序

## 任务分析

在下拉列表中选择专业名称，在表格显示相应专业学生基本信息。

1）窗体、ADO Data 控件的属性设置。

2）DataCombo 控件、DataGrid 控件属性设置。

## 理论知识

DataList 控件、DataCombo 控件与列表框（ListBox）控件和组合框（ComboBox）控件相似，所不同的是这两个控件不再是用 AddItem 方法来填充列表项，而是由这两个控件所绑定的数据字段自动填充，而且还可以有选择地将 1 个选定的字段传递给第 2 个数据控件。DataList 控件和 DataCombo 控件的常用属性如下。

1）DataSource：设置所绑定的数据控件。

2）DataField：由 DataSource 属性所指定用于更新记录集的字段，是控件所绑定的字段。

3）RowSource：设置用于填充下拉列表的数据控件。

4）ListField：表示 RowSource 属性所指定的记录集中用于填充下拉列表的字段。

5）BoundColumn：表示 RowSource 属性所指定的记录集中的 1 个字段，当在下拉列表中选择回传到 DataField，必须与用于更新列表的 DataField 的类型相同。

6）BoundText：BoundColumn 字段的文本值。

## 任务实施

1）窗体控件设计实现。

打开 Visual Basic 6.0，新建 1 个标准的 EXE 工程（Form1），在窗体上添加 1 个 ADO Data 控件、1 个 DataCombo 控件、1 个 DataGrid 控件，设置控件的属性。各控件的属性设置见表 11-4。

表 11-4　各控件的属性设置

| 窗体 / 控件（数量） | 属　　性 | 设　置　值 |
|---|---|---|
| Form1 | Caption | 分专业显示学生基本信息 |
| DataGrid（1 个） | 名称 | DataGrid1 |
| | DataSource | Adodc1 |
| Adodc（1 个） | 名称 | Adodc1 |
| DataCombo（1 个） | 名称 | DataCombo1 |
| | DataSource | Adodc1 |
| | DataField | stuName（student 表结构的姓名字段名） |
| | RowSource | Adodc1 |
| | ListField | stuName |

2）窗体布局。

调整各个控件的位置，窗体布局如图 11-20 所示。

3）分专业显示学生基本信息程序运行界面如图 11-21 所示。

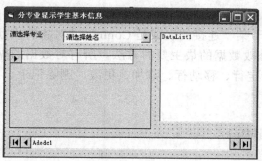

图 11-20　窗体布局　　　　图 11-21　分专业显示学生基本信息程序运行界面

# 任务七　编写学生基本信息编辑程序

## 任务分析

学生基本信息录入程序实现对学生基本信息的增、删、改等操作。

1）设置标签、文本框、下拉列表控件。

2）ADO 模型读写数据操作的应用。

## 理论知识

在 Visual Basic 6.0 中，提供了 Access/Jet、ODBC、Oracle 以及 SQL Server 等 OLE DB 数据源。ADO 访问数据是通过 OLE DB 来实现的，它是连接应用程序和 OLE DB 数据源的一座桥梁。本节提供的编程模型可以完成几乎所有的访问和更新数据源的操作。

### 1. ADO 对象模型

ADO 对象模型定义了一个可编程的分层的对象集合，它支持部件对象模型和 OLE

DB 数据源。ADO 对象模型主要包括 Connection 对象、Command 对象和 Recordset 对象等。ADO 对象模型如图 11-22 所示。

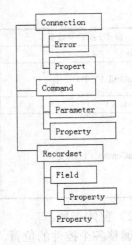

（1）Connection

Connection 对象用于建立与数据库的连接，通过连接可从应用程序访问数据源。它保存诸如指针类型、连接字符串、查询超时、连接超时和默认数据库这样的连接信息。

（2）Command

Command 是对数据源执行的命令。在建立 Connection 后，可以发出命令操作数据源，建立 Command 后，可以发出命令操作数据源。一般情况下，命令可以在数据源中添加、删除或更新数据，或者在表中查询数据。Command 对象在定义查询参数或执行一个有输出参数的存储过程时非常有用。

图 11-22　ADO 对象模型

（3）Recordset

Recordset 对象只代表一个记录集，是基于某一连接的表或是 Command 对象的执行结果。在 ADO 对象模型中，是在行中检查和修改数据的最主要的方法。所有对数据的操作几乎都是在 Recordset 对象中完成的，包括指定行、移动行、添加、更改、删除记录。

## 2．使用 ADO 存取数据

实际编程过程中使用 ADO 存取数据的步骤如下。

（1）连接数据源

利用 Connection 对象的 Open 方法可以创建一个数据源的连接。

语法为：Connection 对象 .Open ConnectionString,UserID,Password,OpenOptions

参数说明见表 11-5。

表 11-5　Connection 对象的参数说明

| 选　　项 | 说　　明 |
| --- | --- |
| Connection | 对象为你定义的 Connection 对象的实例 |
| ConnectionString | 为可选项，包含了连接的数据库的信息 |
| UserID | 可选项，包含建立连接的用户名 |
| Password | 为可选项，包含建立连接的用户密码 |
| OpenOptions | 为可选项，假如设置 adConnectAsync，则连接将异步打开 |

（2）打开记录集对象

实际上记录集返回的是一个从数据库取回的查询结果集。因此有两种打开方法：一种使用记录集的 Open 方法，另一种是用 Connection 对象的 Execute 方法。

1）记录集的 Open 方法，语法为：Recordset.Open Source, ActiveConnection, Cursor Type, LockType, Options

参数说明见表 11-6。

表 11-6　Open 方法的参数说明

| 选　项 | 说　明 |
|---|---|
| Recordset | 为所定义的记录集对象的实例 |
| Source | 可选项，指明了所打开的记录源信息。可以是合法的命令、对象变量名、SQL 语句、表名、存储过程调用或保存记录集的文件名 |
| ActiveConnection | 可选项，合法的已打开的 Connection 对象的变量名或者是包含 ConnectionString 参数的字符串 |
| CursorType | 可选项，确定打开记录集对象使用的指针类型 |
| LockType | 可选项，确定打开记录对象使用的锁定类型 |

2）Connection 对象的 Execute 方法，语法为：Set recordset = Connection.Execute (CommandText, RecordsAffected, Options)

参数说明见表 11-7。

表 11-7　Execute 方法的参数说明

| 选　项 | 说　明 |
|---|---|
| CommandText | 一个字符串，返回要执行的 SQL 命令、表名、存储过程或指定文本 |
| RecordsAffected | 可选项，Long 类型的值，返回操作影响的记录 |
| Options | 可选项，Long 类型的值，指明如何处理 CommandText 参数 |

（3）使用记录集

1）添加新的记录。在 ADO 中添加新的记录用的方法为：AddNew。语法为：

Recordset.AddNew FieldList, Values

参数说明见表 11-8。

表 11-8　AddNew 方法的参数说明

| 选　项 | 说　明 |
|---|---|
| Recordset | 为记录集对象实例 |
| FieldList | 为一个字段名，或者是一个字段数组 |
| Values | 如果 FieldList 为一个字段名，那么 Values 应为单个的数值，假如 FieldList 为一个字段数组，那么 Values 必须也为一个类型与 FieldList 相同的数组 |

注：用完 AddNew 方法为记录集添加新的记录后，应使用 UpDate 将所添加的数据存储在数据库中。

2）修改记录集。修改记录集中的数据只要用 SQL 语句将要修改的字段的一个数据查找出来重新赋值。

3）删除记录。在 ADO 中删除记录集中的数据的方法为 Delete 方法，可以删掉一组记录。语法为：

Recordset.Delete AffectRecords

其中：AffectRecords 参数是确定 Delete 方法作用方式的，它的取值见表 11-9。

表 11-9　删除记录方法的参数说明

| 选　项 | 说　明 |
|---|---|
| adAffectCurrent | 只删除当前的记录 |
| adAffectGroup | 删除符合 Filter 属性设置的那些记录。为了一次能删除一组数据，应设置 Filter 属性 |

4）查询记录。在 ADO 中查询的方法很灵活，有两种查询的方法：使用连接对象的 Execute 方法执行 SQL 命令，返回查询记录集；使用 Command 对象的 Execute 方法执行在

CommandText 属性中设置的 SQL 命令，返回查询记录集。

Command 对象的 Execute 方法的语法如下：

Command.Execute RecordsAffected, Parameters, Options

Rscordset = Command.Execute（RecordsAffected,Parameters,Options）

CommandText 的语法为：

Command.CommandText = stringvariable

其中，stringvariable 为字符串变量，包含 SQL 语句、表名或存储过程。

（4）断开连接

在应用程序结束之前，应该释放分配给 ADO 对象的资源，操作系统回收这些资源并可以再分配给其他应用程序。使用的方法为：Close 方法。语法为：

Object.Close　' Object 为 ADO 对象

## 任务实施

1）窗体控件的设计实现。

打开 Visual Basic 6.0，新建 1 个标准的 EXE 工程（Form1），在窗体中添加 6 个标签控件、6 个 Command 按钮控件、4 个 TextBox 文本框控件、2 个 OptionButton 和 1 个 ComboBox 控件。各控件属性见表 11-2。这里不需要加 Adodc 控件。

2）窗体布局。

调整各个控件的位置，窗体布局如图 11-16 所示。

3）学生基本信息的编辑程序代码实现。

① 通用。

```
Dim cn As New ADODB.Connection
Dim rs As New ADODB.Recordset
Dim cmd As New ADODB.Command
```

② 添加记录的代码。

```
txtNo.Text = ""
txtName.Text = ""
txtBir.Text = ""
txtAddr.Text = ""
ComboSex.Text = ""
ComboDep.Text = ""
rs.AddNew
```

③ 更新记录的代码。

```
rs.Fields("stuNo") = txtNo.Text
rs.Fields("stuName") = txtName.Text
rs.Fields("stuBir") = txtBir.Text
rs.Fields("stuAddr") = txtAddr.Text
rs.Fields("stuSex") = ComboSex.Text
rs.Fields("stuDep") = ComboDep.Text
rs.Update
```

④删除记录的代码。

```
del = MsgBox(" 要删除吗 ?", vbYesNo, " 删除记录 ")
If del = vbYes Then
    rs.Delete
    rs.MoveLast
End If
```

⑤查询上一条记录的代码。

```
rs.MovePrevious
If rs.BOF Then rs.MoveFirst
txtNo.Text = rs.Fields("stuNo")
txtName.Text = rs.Fields("stuName")
txtBir.Text = rs.Fields("stuBir")
txtAddr.Text = rs.Fields("stuAddr")
ComboSex.Text = rs.Fields("stuSex")
ComboDep.Text = rs.Fields("stuDep")
```

⑥查询下一条记录的代码。

```
rs.MoveNext
If rs.EOF Then rs.MoveLast
txtNo.Text = rs.Fields("stuNo")
txtName.Text = rs.Fields("stuName")
txtBir.Text = rs.Fields("stuBir")
txtAddr.Text = rs.Fields("stuAddr")
ComboSex.Text = rs.Fields("stuSex")
ComboDep.Text = rs.Fields("stuDep")
```

⑦退出代码。

```
Unload Me
```

4）学生基本信息运行界面，如图 11-17 所示。

## 任务八　设计学生基本信息报表

### 任务分析

设计学生基本信息报表。

1）数据环境设计器。

2）数据报表设计器。

### 理论知识

数据报表（DataReport）设计器是 Visual Basic 6.0 新增的功能，与数据环境（Data Environment）设计器配合使用可以完成大多数类型报表的设计，还提供了简单易操作的界面。

数据环境设计器提供了一个交互式的设计环境。通过设置 Connection 对象和 Command 对象的属性，可以快速完成到一个数据源的连接。对于设置好的数据环境设计器，可以将它的对象拖放到表单上或是报表上，它会自动创建并完成数据绑定控件的设置。

选择菜单"工程"→"添加 Data Environment"命令，就会打开数据环境设计器，同时添加了一个数据环境 DataEnvironment1，并包含一个连接对象 Connection1，如图 11-23 所示。

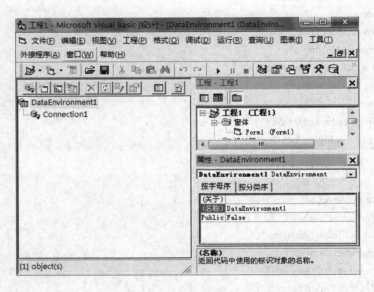

图 11-23　数据环境设计器

### 1．通过数据环境设计器创建连接对象

1）创建 Connection 对象。

2）基于存储过程、表、视图、同义词和 SQL 语句创建 Command 对象。

3）基于 Command 对象的一个分组或通过与一个 Command 对象相关联来创建 Command 的层次结构。

4）可以重新命名对象、删除对象、设置对象属性。

5）为 Connection 和 Recordset 对象编写代码。

6）从数据环境设计器中拖动一个 Command 对象中的字段到一个 Visual Basic 窗体或数据报表设计器中。

### 2．使用数据环境设计器

1）添加数据环境设计器到工程中，数据环境设计器中则自动添加一个 Connection 对象。

2）设置 Connection 对象的属性。

在 Connection 对象上单击鼠标右键选择"属性"命令，设置"提供程序"和"连接"选项卡中的内容，如图 11-24 所示。

图 11-24　数据链接属性

3）创建 Command 对象。

在 Connection 对象上单击鼠标右键选择"添加命令"命令，即可创建和 Connection 对象相关联的 Command 对象到数据环境设计器中。如图 11-25 所示。

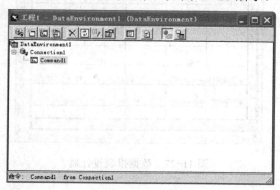

图 11-25　添加命令

4）设置 Command 对象的属性。

Command 对象定义了从一个数据库连接中获得何种数据的详细信息。Command 对象既可以基于数据库中的一个对象，也可以基于结构化查询语言（SQL）进行查询。在 Command1 对象上单击鼠标右键选择"属性"命令，设置"数据源"和"记录集管理"（分别在"通用"选项卡和"高级"选项卡中），如图 11-26 所示。

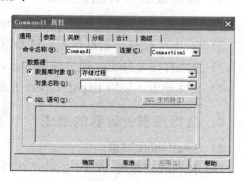

图 11-26　Command1 属性

5）Recordset 对象。

数据环境设计器中不能单独创建 Recordset 对象，可在 Command 对象的"记录集管理"中进行设置。Recordset 对象名以"rs"开头，后跟 Command 对象名。

6）为 Connection 对象 Recordset 对象编写代码。

在数据环境中基于 ADO 的 Connection 对象和 Recordset 对象的事件进行代码编写。

7）Command 对象中的字段映射。

数据环境设计器中的 Command 对象和 Field 对象可以直接拖动到窗体中或数据报表中。在 Field 对象上单击鼠标右键选择"属性"命令，设置单个控件关联，单击工具栏中的"选项"按钮，设置与 ADO 数据类型相关联的指定控件。

数据报表设计器是一个极为灵活的设计报表的工具。它以数据环境设计器作为数据源，能创建有层次的、汇总若干个关系型数据表数据的复杂报表。除了像传统的报表设计工具那样能将报表通过打印机输出以外，数据报表设计器还能以 HTML 或文本文件的格式输出报表。

选择菜单"工程"→"添加 Data Report"命令，即可在工程中添加一个 DataReport 对象，同时打开数据报表设计器，如图 11-27 所示。

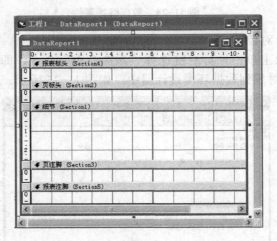

图 11-27　数据报表设计器

### 3．数据报表设计器的功能

1）字段的拖放功能：把字段从 Microsoft 数据环境设计器拖到数据报表设计器。

2）Toolbox 控件：数据报表设计器以它自己的一套控件为特色。

3）报表打印及预览：通过使用 Show 方法预览报表。

4）文件导出：使用 ExportReport 方法导出数据报表信息。

### 4．数据报表设计器的组成

1）DataReport 对象。

DataReport 对象与 Visual Basic 6.0 的窗体类似，同时具有一个可视的设计器和一个代码模块。可以使用设计器创建报表的布局，也可以向设计器的代码模块添加代码，可以采用编程方式调整设计器中包含的控件或部分格式。

2）Section 对象。

数据报表设计器的每一部分由 Section 对象表示。设计时每一个 Section 对象由一个窗格表示，可以单击窗格以选择"页标头"，也可以在窗格中放置和定位控件，还可以在程序中对 Section 对象及其属性进行动态配置，见表 11-10。

表 11-10 Section 对象及其属性

| 报表标头 | 指显示在一个报表开始处的文本，如报表标题、作者或数据库名等。一个报表最多只能有一个报表标头，而且出现在数据报表的最上面 |
|---|---|
| 页标头 | 指在每一页顶部出现的信息，如报表的标题、页数和时间等 |
| 分组标头 / 脚注 | 用于分组的重复部分，每一个分组标头与一个分组脚注相匹配 |
| 细节 | 指报表的最内部的重复部分（记录），与数据环境中最底层的 Command 对象相关联 |
| 页脚注 | 指在每一页底部出现的信息，如页数据、时间等 |
| 报表脚注 | 报表结束时出现的文本，如摘要信息、一个地址或联系人姓名等 |

3）Data Report 控件。

在一个工程中添加了一个数据报表设计器以后，Visual Basic 6.0 将自动创建一个名为"数据报表"的工具箱，工具箱中列出的 6 个控件功能见表 11-11。

表 11-11 控件名称和功能

| 控 件 名 称 | 功 能 |
|---|---|
| RptLabel | 用于在报表上放置标签、标识字段或 Section |
| RptTextBox | 显示所有在运行过程中应用程序通过代码或命令提供的数据 |
| RptImage | 用于在报表上放置图形，该控件不能被绑定到数据字段 |
| RptLineSection | 用于在报表上绘制直线，可用于进一步区分 |
| RptShape | 用于在报表上放置矩形、三角形、圆形或椭圆 |
| RptFunction | 是一个特殊的文本，用于在报表生成时计算数值，如分组数据的合计等 |

### 5. 创建数据报表

1）添加数据报表。

选择菜单"工程"→"添加 Data Report"命令添加一个数据报表（默认名为 DataReport1），如果设计器不在"工程"菜单上，选择菜单"工程"→"部件"命令，在"设计器"选项卡上选中"Data Report"复选框。

2）设置 DataReport 对象的属性。

在"属性"窗口中设置 DataSource（数据源）和 DataMember（数据成员）分别为相应的数据环境对象。

3）添加字段到数据报表。

从数据环境设计器把相应字段拖到 DataReport1 对象的"细节"区，对应每一个字段产生两个控件：一个标签控件（作为标题）和一个文本框控件（用来显示字段的数据）。将"细节"区的标签控件拖到"页标头"区，调整每个字段的标签控件和对应的文本框控件的位置及大小，使它们上下对齐并能完全显示字段内容。

4）添加标题和页脚。

在"报表标头"区单击鼠标右键，选择"插入控件"→"标签"，更改标签的 Caption

属性为相应的名称。在"页脚注"区单击鼠标右键，选择"插入控件"→"当前页码"，插入页码。

5）调整 5 个区高度。

"细节"区的高度是一个字段所占的高度，要尽可能地窄。

6）Show 方法显示报表。

语法：数据报表名 .Show。

### 任务实施

1）添加数据环境设计器，并添加连接对象 Connection1 和命令对象 Command1，设置相应的属性，连接数据库，数据源为 student 表，返回记录集。如图 11-28 所示。

2）添加数据报表。

打开数据报表设计器，将 DataReport 对象的 Name 属性设置为 DataReportSt，DataSource 属性为数据环境对象 DataEnvironment1（这时数据环境设计器必须是打开的），设置 DataMember 属性为 Command1 对象。

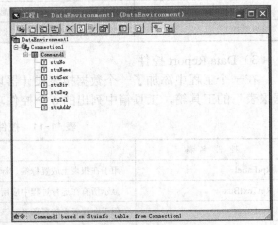

图 11-28　数据环境设计器

用鼠标右键单击 DataReportSt 对象，选择快捷菜单中的"检索结构"命令，出现"用新的数据层次代替现在报表布局吗？"确认对话框，单击"是"按钮，系统将根据数据源定义数据报表中应该有的各个标题栏。例如，如果有分组的话自动在数据报表设计器中加上分组标头和脚注。

3）设计报表界面。

可以使用报表设计器中的工具栏来设计报表中的数据项。更快捷的方法是直接将数据环境中的各数据字段拖放到 DataReportSt 对象的相应区域中。

① 在页标头下添加一个 RptLabel 控件，将 Caption 属性设置为"学生基本信息"。添加控件可以使用传统的方法，也可以通过单击鼠标右键的方法在快捷菜单中选择"插入控件"。

② 在数据环境设计器中将 Command1 对象的姓名、学号拖放到分组标头，则自动出现标签和文本框。

③ 在数据环境设计器中依次将学号、姓名、性别、出生日期、院系、电话、家庭地址字段拖放到细节区域内。

④ 调整各对象的大小、位置。设置 RptStudent 属性的 GridX 和 GridY 都为 5，将分组标头、细节中的标签和文本框对齐，分别设置各标签及文本框的字体大小等。为了美观还可以在分组标头中添加一条直线，并适当调整各 Section 对象的宽度。报表设计器布局如图 11-29 所示。

⑤ 通过 Show 方法改变启动对象，可以预览设计好的数据报表，如图 11-30 所示。

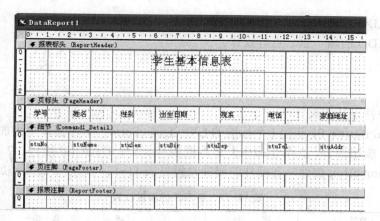

图 11-29　报表设计器布局

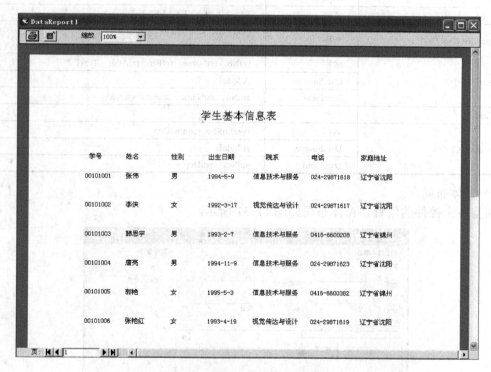

图 11-30　预览设计好的数据报表

# 任务九　使用 ADO 编写显示学生基本信息的程序

## 任务分析

以表格形式显示学生基本信息,并能够进行增、删、改等操作,同时设计学生基本信息报表。

1) 标签、文本框、下拉列表、按钮、DataGrid 控件的属性设置。

2）使用 ADO 连接 Access 数据库。

3）掌握 ADO 的增、删、查等操作。

**任务实施**

1）窗体控件设计实现。

打开 Visual Basic 6.0，新建 1 个标准的 EXE 工程（Form1），在窗体中添加 6 个标签控件、8 个 Command 按钮控件、5 个 TextBox 文本框控件、1 个 DataGrid 控件、2 个 OptionButton 控件和 2 个 ComboBox 控件。各控件的属性设置见表 11-12，这里不需要添加 Adodc 控件。

表 11-12　各控件的属性设置

| 窗体 / 控件（数量） | 属　性 | 设　置　值 |
| --- | --- | --- |
| Form1 | Caption | 学生基本信息录入 |
| Label（6 个） | 名称 | L1、L2、L3、L4、L5、L6 |
| CommandButton（8 个） | 名称 | cmdAdd、cmdUpdate、cmdDel<br>cmdPre、cmdNext、cmdQuit、cmdRep、cmdSel |
| TextBox（5 个） | 名称 | txtNo、txtName、txtBir、txtAddr、Text1 |
| | DataSource | Adodc1 |
| | DataField | stuNo、stuName、stuBir、stuAddr |
| DataGrid | 名称 | DataGrid1 |
| ComboBox（2 个） | 名称 | comboSex、comboDep |
| | DataSource | Adodc1 |
| | DataField | stuSex、stuDep |

2）窗体布局。

调整各个控件的位置，窗体布局如图 11-31 所示。

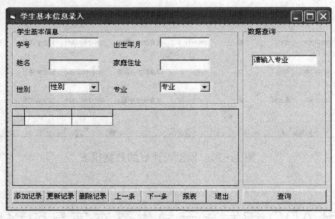

图 11-31　窗体布局

3）程序代码实现。

①通用。

```
Dim cn As New ADODB.Connection
Dim rs As New ADODB.Recordset
Dim cmd As New ADODB.Command
```

②添加记录的代码。

```
txtNo.Text = ""
txtName.Text = ""
txtBir.Text = ""
txtAddr.Text = ""
comboSex.Text = ""
comboDep.Text = ""
rs.AddNew
```

③更新记录的代码。

```
rs.Fields("stuNo") = txtNo.Text
rs.Fields("stuName") = txtName.Text
rs.Fields("stuBir") = txtBir.Text
rs.Fields("stuAddr") = txtAddr.Text
rs.Fields("stuSex") = comboSex.Text
rs.Fields("stuDep") = comboDep.Text
rs.Update
```

④删除记录的代码。

```
del = MsgBox(" 要删除吗 ?", vbYesNo, " 删除记录 ")
If del = vbYes Then
rs.Delete
rs.MoveLast
End If
```

⑤查询上一条记录的代码。

```
rs.MovePrevious
If rs.BOF Then rs.MoveFirst
txtNo.Text = rs.Fields("stuNo")
txtName.Text = rs.Fields("stuName")
txtBir.Text = rs.Fields("stuBir")
txtAddr.Text = rs.Fields("stuAddr")
comboSex.Text = rs.Fields("stuSex")
comboDep.Text = rs.Fields("stuDep")
```

⑥查询下一条记录的代码。

```
rs.MoveNext
If rs.EOF Then rs.MoveLast
txtNo.Text = rs.Fields("stuNo")
txtName.Text = rs.Fields("stuName")
txtBir.Text = rs.Fields("stuBir")
txtAddr.Text = rs.Fields("stuAddr")
comboSex.Text = rs.Fields("stuSex")
comboDep.Text = rs.Fields("stuDep")
```

⑦查询代码。

```
strsel = "select * from stuinfo where stuDep = '" & Text1 & "'"
Set rssel = New ADODB.Recordset
```

rssel.Open strsel, cn, adoOpenstatic, adLockReadOnly

Set DataGrid1.DataSource = rssel

⑧ 报表代码。

DataReportSt.Show

⑨ 退出代码。

Unload Me

4）学生基本信息录入的运行界面如图 11-32 所示。

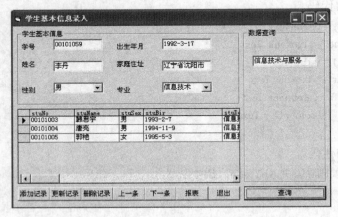

图 11-32 运行界面

## 拓展练习

### 选择题

1）ADOrs 为 Recordset 对象，从 Tabel 中获取所有记录的语句是（     ）。

    A．ADOrs.New "Select * From Tabel"

    B．ADOrs.Open "Select * From Tabel"

    C．ADOrs.Execute "Select * From Tabel"

    D．ADOrs. Select "Select * From Tabel"

2）使用 ADO 数据模型时，建立 Recordset 和 Connection 对象连接的属性是（     ）。

    A．Execute                         B．Open

    C．ActiveConnection              D．CommandType

### 编程题

编写学生成绩管理程序。

**技能要点如下。**

1）添加标签、文本框、按钮控件、DataGrid、Adodc 控件。

2）正确设置控件属性。

3）编写代码。

提示：采用 Adodc 控件和 ADO 模型相结合的方法。

4）程序运行结果如图 11-33 所示。

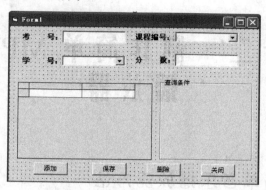

图 11-33　程序运行结果

## 模块小结

　　本模块主要讲解了 SQL 语句的基本用法，通过学习能够对数据表进行增、删、改、查等操作。需要重点掌握的内容是数据绑定控件的方法以及如何使用 ADO 编程模式进行程序设计。

# 模块十二　制作简单 MP3 音乐播放器

任务一　制作简单音乐播放器方法一

## 任务分析

简单音乐播放器能够实现 MP3 的播放、暂停、继续、停止和打开文件功能。

1）设置窗体和控件的属性。

2）设置 MediaPlayer 控件的属性，并编写程序。

## 理论知识

音乐伴随着科技的发展与电脑终于结缘。作为我们思维的一种延伸，电脑在辅助编配乐曲方面独有的准确性及高效性都是人们以前梦寐以求的。创作音乐时，电脑可以给我们提供灵感以外的绝大多数的必要条件。在新世纪，也许电脑音乐并不能成为主流音乐，但是，对众多电脑爱好者来讲，恰当地利用有关的电脑软、硬件资源制作并欣赏自己的原创电脑音乐却有着无穷的魅力。

MP3 自问世以来因其声音还原好、压缩比率高而深受欢迎。目前，市面上有很多种 MP3 播放器供用户选择使用。

### 1. 添加 MediaPlayer 控件

MediaPlayer 控件不是 Visual Basic 6.0 的标准控件，而是 Windows 操作系统自带的一个多媒体控件，可以在 Visual Basic 6.0 开发环境中选择菜单"工程"→"部件"命令，在弹出的"部件"对话框选择添加 MediaPlayer 控件。由于 MediaPlayer 控件是 Windows 自带的控件，因此编写出来的程序可移植性好。MediaPlayer 用于播放音频和视频等多媒体资源，是编程使用最频繁的控件之一。

## 2. MediaPlayer 控件的常用属性见表 12-1

表 12-1　MediaPlayer 控件的常用属性

| 名　　称 | 说　　明 |
|---|---|
| URL | String，可以指定媒体的位置 |
| enableContextMenu | Boolean，显示 / 不显示播放位置的右键菜单 |
| controls.play | 播放 |
| controls.stop | 停止 |
| controls.pause | 暂停 |
| controls.currentPosition | Double，当前播放进度 |
| controls.currentPositionString | String，时间格式的字符串 |
| currentMedia | currentMedia.duration Double，总长度<br>currentMedia.duration String，时间格式的字符串 |

## 任务实施

### 1. 窗体控件设计实现

打开 Visual Basic 6.0，新建 1 个标准的 EXE 工程（Form1），在窗体中添加 5 个 Command 按钮控件、3 个 TextBox 控件、1 个 MediaPlayer 控件、1 个 CommonDialog 控件和 2 个标签控件。各控件的属性设置见表 12-2。

表 12-2　各控件的属性设置

| 窗体 / 控件 | 属　性 | 设　置　值 |
|---|---|---|
| Form | Caption | 音乐播放器 |
| CommandButton | Caption | 播放 |
|  | Caption | 暂停 |
|  | Caption | 继续 |
|  | Caption | 停止 |
|  | Caption | 下一曲 |
| TextBox | 名称；Text | Text1；歌曲名称 |
|  | 名称 | Text2 |
|  | 名称 | Text3 |
| MediaPlayer | 名称 | Player |
| CommonDialog | 名称 | CommonDialog1 |
| Label | 名称；Caption | L1；当前时间 |
|  | 名称；Caption | L2；总时间 |
| CommonDialog | 名称 | CommonDialog1 |

### 2. 窗体布局

调整各个控件的位置，窗体布局如图 12-1 所示。

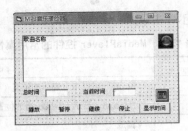

图 12-1　窗体布局

### 3.音乐播放器代码实现

（1）"播放"按钮的代码

```
Text1.SetFocus
On Error GoTo handler
CommonDialog1.InitDir = App.Path
CommonDialog1.Filter = "MP3Files(*.MP3)|*.MP3|MidiFiles(*.mid)|*.mid|WaveFiles(*.wav)|*.wav|(*.m3u)*.m3u"
FileName = ""
CommonDialog1.ShowOpen
Player.uiMode = "none"
Player.URL = Me.CommonDialog1.FileName
Player.Controls.play
Text1.Text = " 现在正在播放： " & CommonDialog1.FileName
cmdPlay.Enabled = False
cmdPause.Enabled = True
cmdContinue.Enabled = False
cmdStop.Enabled = True
Exit Sub
handler:
MsgBox " 未选择媒体文件。", vbOKOnly, " 错误信息 "
```

（2）"暂停"按钮的代码

```
Text1.SetFocus
Player.Controls.pause
cmdPause.Enabled = False
cmdContinue.Enabled = True
```

（3）"继续"按钮的代码

```
Text1.SetFocus
Player.Controls.play
cmdPlay.Enabled = False
cmdPause.Enabled = True
cmdContinue.Enabled = False
```

（4）"停止"按钮的代码

```
Player.Controls.Stop
```

```
cmdPlay.Enabled = True
cmdPause.Enabled = False
cmdStop.Enabled = False
```

（5）"显示时间"的代码

```
Me.Text3.Text = Player.currentMedia.duration
Me.Text2.Text = Player.Controls.currentPosition
```

（6）窗体加载事件的代码

```
Player.Visible = False
cmdPause.BackColor = vbRed
cmdContinue.BackColor = vbRed
cmdStop.BackColor = vbRed
cmdPlay.BackColor = vbRed
cmdContinue.Enabled = False
cmdPause.Enabled = False
cmdStop.Enabled = False
Text1.Text = " 欢迎。本播放器支持各种音乐格式，谢谢使用。"
Text1.BackColor = vbBlack
Text1.ForeColor = vbYellow
```

### 4. 播放器运行演示

播放器运行结果如图 12-2 所示。

图 12-2  播放器运行结果

## 任务二  制作简单音乐播放器方法二

### 任务分析

本实例的目的是通过使用 MP3play 控件编写 MP3 播放器，掌握使用主流控件对 MP3 播放软件的属性、方法和窗体结构进行设计的方法，实现 MP3 的播放、暂停、继续、停止、音量调节和打开文件等功能。

1）设置窗体和控件的属性。

2）设置 MP3play 控件的属性，并编写程序。

**理论知识**

1）注册 MP3play 控件。

上网下载一个 MP3play 控件，复制到"Windows\System32"目录下，选择"开始"→"运行"，在弹出的对话框中输入"regsvr32MP3play.ocx"命令，单击"确定"按钮，系统会弹出一个注册成功信息框，如图 12-3 所示，此时就可以在可视化编程工具上使用该控件。

图 12-3　注册 MP3play 控件

2）MP3play 控件的常用属性见表 12-3。

表 12-3　MP3play 控件的常用属性

| bitrate | MP3 流比特率 |
| --- | --- |
| framecount | MP3 流的帧记数 |
| totaltime | 统计已播放的时间 |
| Framenotifycount(rw) | 发送一次通告的帧数，默认为 32 |
| iscopyright<br>isoriginal<br>haschecksums | 从 MP3 流获得发行信息 |
| samplefrequency | 采样率 |
| layer | 取值可以为 1、2 或 3，分别代表 layer1、layer2、layer3 标准，默认为 3，这意味着 mpx 文件都可以播放 |
| mpegversion | 取值代表 mpeg-1 或 mpeg-2 |

3）MP3play 控件的常用方法见表 12-4。

表 12-4　MP3play 控件的常用方法

| Aboutbox | 显示 about 框 |
| --- | --- |
| authorize(name,password) | 验证许可证（注册码），name 即注册名，password 为注册码，由控件的提供商在用户注册后提供，返回值为 0 则通过，否则失败 |
| open(inputfile,outputfile) | 打开 mpeg 音频文件并解码播放，若在声卡上播放，则 outputfile 应为空字符串，返回非 0 值表示解码有误。如果 outputfile 不为空字符串则解码至 wav 文件，也就是说，可以利用此方法编写 mp3-wav 转换器 |
| close | 关闭当前的 mpeg 流解码 |
| getvolumeleft,getvolumeright | 获取左右声道的音量，返回 long 型值 |
| setvolume(left channel，right channel) | 设置系统左右声道的音量 |
| pause() | 暂停，数值为奇数时声音暂停，数值为偶数时开启 |
| play() | 开始解码并播放当前的 mpeg 文件，返回 0 表示解码无误 |
| stop() | 停止当前的解码工作，返回 0 表示正确 |

**任务实施**

**1. 窗体控件设计实现**

打开 Visual Basic 6.0，新建 1 个标准的 EXE 工程（Form1），在窗体中添加 5 个 Command 按钮控件、3 个 TextBox 控件、1 个 MediaPlayer 控件、1 个 CommonDialog 控件、4 个标签

控件和 1 个 Slider 控件。各控件的属性设置见表 12-5。

表 12-5　各控件的属性设置

| 窗体 / 控件 | 属 性 | 设 置 值 |
| --- | --- | --- |
| Form | Caption | 音乐播放器 |
| | Caption | 播放 |
| | Caption | 暂停 |
| CommandButton | Caption | 继续 |
| | Caption | 停止 |
| | Caption | 下一曲 |
| | 名称：Text | Text1：歌曲名称 |
| TextBox | 名称 | Text2 |
| | 名称 | Text3 |
| MP3play | 名称 | MP3play1 |
| CommonDialog | 名称 | CommonDialog1 |
| | 名称：Caption | L1：播放帧 |
| Label | 名称：Caption | L2：播放时间 |
| | 名称 | L3 |
| | 名称 | L4 |
| CommonDialog | 名称 | CommonDialog1 |
| Slider | 名称 | Slider1 |

### 2. 窗体布局

调整各个控件的位置，窗体布局如图 12-4 所示。

图 12-4　窗体布局

### 3. 音乐播放器代码实现

（1）"播放"按钮的代码

```
Text1.SetFocus
On Error GoTo handler
CommonDialog1.InitDir = App.Path
CommonDialog1.Filter = "MP3Files(*.MP3)|*.MP3|MidiFiles(*.mid)|*.mid|WaveFiles(*.wav)|*.wav|(*.m3u)*.m3u"
FileName = ""
```

```
CommonDialog1.ShowOpen
Err = Mp3Play1.Open(CommonDialog1.FileName, "")
Mp3Play1.play
Text1.Text = " 现在正在播放：" & CommonDialog1.FileName
cmdPlay.Enabled = False
cmdPause.Enabled = True
cmdContinue.Enabled = False
cmdStop.Enabled = True
Exit Sub
handler:
MsgBox " 未选择媒体文件。", vbOKOnly, " 错误信息 "
```

（2）"暂停"按钮的代码

```
Text1.SetFocus
Mp3Play1.pause
cmdPause.Enabled = False
cmdContinue.Enabled = True
```

（3）"继续"按钮的代码

```
Text1.SetFocus
Mp3Play1.play
cmdPlay.Enabled = False
cmdPause.Enabled = True
cmdContinue.Enabled = False
```

（4）"停止"按钮的代码

```
Mp3Play1.Stop
cmdPlay.Enabled = True
cmdPause.Enabled = False
cmdStop.Enabled = False
```

（5）窗体加载事件的代码

```
Mp3Play1.Visible = False
Text1.Text = " 本播放器支持各种音乐格式，谢谢使用。"
Text1.BackColor = vbBlack
Text1.ForeColor = vbYellow
```

（6）Mp3Play ActFrame 代码

```
Text3.Text = ActFrame
Text2.Text = (ActFrame * Mp3Play1.MsPerFrame) / 1000
```

（7）Slider _Click 代码

```
If blackstop = True Then Exit Sub
L4.Caption = Slider1.Value
On Error GoTo err_handle
e = Mp3Play1.SetVolumeP(Slider1.Value, Slider1.Value)
Exit Sub
err_handle:
```

### 4．播放器运行演示

音乐播放器运行结果如图 12-5 所示。

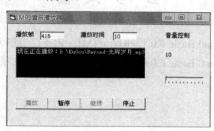

图 12-5 音乐播放器运行结果

## 模块小结

本模块主要讲解了 MediaPlayer 控件和 MP3play 控件的使用方法。有两点需要注意。

1）用于播放 MP3 文件的 Active 控件 MP3play 需要付费，如果不能注册，就只能播放 30s 左右的音乐，而 MediaPlayer 控件是免费提供的，读者可以根据自身的情况选择。

2）".Filter = "MP3Files(*.MP3)|*.MP3|Midi"这一行代码中不是选用任意格式的音频文件都可以的，能否播放音乐主要取决于所用的控件是否支持该格式的音频文件。

# 参 考 文 献

[1]  刘新民，蔡琼，白康生. Visual Basic 6.0 程序设计 [M]. 北京：清华大学出版社，2004.

[2]  罗朝盛，余文芳，余平. Visual Basic 6.0 程序设计教程 [M]. 2 版. 北京：人民邮电出版社，2005.